ISSN 0021-1915

17. JAHRGANG · SEITEN 405—440 · BERLIN DEZEMBER 1981

IPRAX 17 17 (12) 405–440 (1981) 32036

12

isotopenpraxis

THEORIA CUM PRAXI

EVP 9,– M

AKADEMIE-VERLAG

An unsere Autoren

Die Zeitschrift veröffentlicht Beiträge zu folgenden Themen: Kontrolle und Analyse radioaktiver und stabiler Isotope, Anwendung radioaktiver und stabiler Isotope in allen Gebieten der Forschung und Technik, der Industrie, Landwirtschaft und Medizin, Herstellung radioaktiver und stabiler Isotope sowie von markierten Verbindungen, kernelektronische Geräte für die Isotopenanwendung (Dickenmesser, Dichtemesser u. ä.) Detektoren für isotopentechnische Arbeiten und den Strahlenschutz in Isotopenlaboratorien, Meßtechnik und Strahlenschutz, Dosimetrie in Isotopenlaboratorien, kerntechnische Geräte für die Isotopenanwendung (Beton, Bestrahlungsanlagen u. ä.), Strahlenchemie, Radiochemie, ökonomische und perspektivische Fragen, Fragen der Weiterbildung.

1. Aufnahme von Manuskripten

Zur Veröffentlichung angenommen werden nur druckreife, noch nicht anderweitig publizierte Beiträge in deutscher, englischer oder russischer Sprache zum Themenbereich der Zeitschrift und zwar

Originalarbeiten
Kurze Originalmitteilungen
Aus der Praxis
Zusammenfassende Berichte
Tagungsberichte
Informationen.

Sind der Beitrag oder Teile daraus bereits veröffentlicht oder ist eine anderweitige Veröffentlichung vorgesehen, so muß dies der Redaktion mit genauer Angabe der Zweitveröffentlichung mitgeteilt werden. Mit der Annahme des Manuskriptes behält sich der Verlag das Recht der Vervielfältigung, Verbreitung und Übersetzung innerhalb der gesetzlichen Schutzfrist vor. Auszugsweiser Nachdruck oder photomechanische u. a. Wiedergabe sind an eine schriftliche Genehmigung des Verlages gebunden. Manuskripte, Zeichnungen und Photos von veröffentlichten Arbeiten werden nur auf den besonderen und bis zum Zeitpunkt der Veröffentlichung mitgeteilten Wunsch des Autors zurückgesandt.

Bei der unverlangten Einreichung von Manuskripten wird empfohlen, eine Befürwortung eines der Herausgeber oder Redaktionsausschußmitglieder beizufügen.

Manuskripte sind einzureichen bei der Redaktion, DDR-1086 Berlin, Leipziger Str. 3—4.

2. Form der Manuskripte

Die Autoren werden gebeten:

2 Manuskripte, eines davon in Original-Maschinenschrift, einseitig und mit 2zeiligem Abstand einzureichen; gut leserliche Photokopien sind zulässig; auf dem 1. Blatt (unter Weglassung der Bezeichnung)

den Titel der Arbeit
Vorname-Initialen und Namen sämtlicher Autoren
gegebenenfalls die Institution, in der sie tätig sind
eine kurze Zusammenfassung der Arbeit von höchstens 15 Zeilen
Keywords in alphabetischer Reihenfolge und
als Fußnote die Anschrift der Institution anzugeben;

wenn möglich auf gesonderten Blättern Namen, Titel der Arbeit und Zusammenfassung in den beiden anderen obengenannten Sprachen 2fach beizufügen:

Literaturhinweise (fortlaufend numeriert), Fußnoten, Tabellen, Abbildungen (in 2—3facher Veröffentlichungsgröße), Abbildungsunterschriften (getrennt von den Abbildungen, mit Zeichenerklärungen, Quellenangaben, falls erforderlich, und gegebenenfalls mit einem Vermerk für besondere Wünsche bezüglich der Abbildungsgröße), private und Dienstanschrift der Verfasser mit akademischen Titeln und ausgeschriebenen Vornamen auf besonderen Blättern ans Ende des Manuskriptes zu stellen;

Wünsche für den Kolumnentitel (Seitenüberschrift) bekanntzugeben;

Absätze durch Einzüge von mindestens 3 Anschlägen kenntlich zu machen;

die Maßeinheiten des SI-Systems ("Systéme International") zu verwenden;

Korrekturen im Manuskript unmittelbar an der zu korrigierenden Stelle anzubringen;

Formeln deutlich lesbar und möglichst groß einzutragen;

Farbabbildungen und nachträgliche Änderungen oder Ergänzungen in Abbildungen zu vermeiden;

hervorzuhebende Textstellen zu unterstreichen, und zwar halbfetten Satz mit einer geraden schwarzen Linie, kursiven Satz (Schrägschrift) mit einer blauen Wellenlinie (alle Eigennamen). Sperrungen gestrichelt;

besondere Buchstaben durch farbige Unterstreichung zu kennzeichnen, und zwar Formelzeichen in

Griechisch-Kursiv (α, β, ...) rot,
Kursiv (A, B, ...) blau
halbfetter Kursiv ($\boldsymbol{A}$, $\boldsymbol{B}$, ...) 2 Linien blau (Vektoren),
halbfetter Grotesk (**A**, **B**, ...) 2 Linien violett (Tensoren);

bei Literaturangaben auf Vollständigkeit zu achten. In nachstehender Reihenfolge müssen angegeben sein:

a) bei *Zeitschriften*: Vorname-Initialen und Namen sämtlicher Autoren, Titel der Zeitschrift (nach „Periodica Chimica" oder möglichst wenig gekürzt), Bandnummer (unterstrichen), Jahreszahl (in Klammern), Heftnummer (nur bei Zeitschriften, die jedes Heft mit S. 1 beginnen) sowie die Seitenzahl, auf der die zitierte Arbeit beginnt.

b) bei *Büchern*: Initialen der Vornamen und Name des Autors (Herausgeber werden durch den Zusatz „ed." gekennzeichnet), voll ausgeschriebener Titel des Buches in der Originalsprache, evtl. Bandnummer, voll ausgeschriebener Name des Verlages, Nummer der Auflage (außer der ersten), Erscheinungsort(e), Erscheinungsjahr (hier nicht in Klammern setzen!) und evtl. Kapitelnummer, Seitenzahl u. ä.

c) bei *Sammelbänden*, *Tagungsberichten*: Es soll zusätzlich der Titel des zitierten Beitrags angegeben werden. Die Seitenzahl muß unbedingt angegeben werden. Aus dem Zitat muß hervorgehen, ob es sich um einen Tagungssammelband oder um einen noch nicht veröffentlichten Vortrag handelt. Zwischen Tagungsort und Erscheinungsort des entsprechenden Tagungsberichts ist zu unterscheiden.

3. Korrekturen

Der Autor erhält zwei Umbruchabzüge, von denen einer möglichst schnell korrigiert an die Redaktion zurückgereicht werden soll. Auf Wunsch des Autors kann die Korrektur auch von der Redaktion geelesen werden.

Durch nachträgliche Manuskriptänderungen verursachte Korrekturkosten gehen, sofern sie 10% der Satzkosten übersteigen zu Lasten des Autors.

Der Autor erhält 50 Sonderdrucke kostenlos Weitere Sonderdrucke können bis zur Rückgabe der Korrekturabzüge auf Kosten des Autors bei der Redaktion bestellt werden.

Bezugsmöglichkeiten

Bestellungen sind zu richten

— in der DDR an den Postzeitungsvertrieb unter Angabe der Kundennummer des Bestellenden oder an den AKADEMIE-VERLAG, DDR-1086 Berlin, Leipziger Straße 3—4
— im sozialistischen Ausland an eine Buchhandlung für fremdsprachige Literatur oder an den zuständigen Postzeitungsvertrieb
— in der BRD und Berlin(West) an eine Buchhandlung oder an die Auslieferungsstelle KUNST UND WISSEN, Erich Bieber OHG, D-7000 Stuttgart 1, Wilhelmstraße 4—6
— in den übrigen westeuropäischen Ländern an eine Buchhandlung oder an die Auslieferungsstelle KUNST UND WISSEN, Erich Bieber GmbH, CH-8008 Zürich/Schweiz, Dufourstraße 51
— im übrigen Ausland an den Internationalen Buch- und Zeitschriftenhandel; den Buchexport, Volkseigener Außenhandelsbetrieb der Deutschen Demokratischen Republik, DDR-7010 Leipzig, Postfach 160; oder an den AKADEMIE-VERLAG, DDR-1086 Berlin, Leipziger Straße 3—4

Zeitschrift „Isotopenpraxis"

Herausgeber: Im Auftrag des Akademie-Verlages herausgegeben von Prof. Dr. Justus Mühlenpfordt und Prof. Dr. Carl Friedrich Weiss
Verlag: Akademie-Verlag, DDR-1086 Berlin, Leipziger Straße 3—4; Fernruf: 2236221 oder 2236229; Telex-Nr.: 114420;
Bank: Staatsbank der DDR, Berlin, Kto.-Nr.: 6836-26-20712
Chefredakteur: Dr. Klaus Uhlig, Berlin
Anschrift der Redaktion (Fernruf Frau H. Schier: 6351177) der Zeitschrift Isotopenpraxis: Akademie-Verlag, DDR-1086 Berlin, Leipziger Str. 3—4
Veröffentlicht unter der Lizenznummer 1527 des Presseamtes beim Vorsitzenden des Ministerrates der Deutschen Demokratischen Republik
Gesamtherstellung: VEB Druckerei „Thomas Müntzer", DDR-5820 Bad Langensalza
Erscheinungsweise: Die Zeitschrift „Isotopenpraxis" erscheint monatlich. Die 12 Hefte eines Jahrganges bilden einen Band. Bezugspreis je Band 180,— M zuzüglich Versandspesen (Preis für die DDR 108,— M) Preis je Heft 15,— (Preis für die DDR 9,— M)
Bestellnummer dieses Heftes: 1079/17/12

AN (EDV) 12831

ISTOPENPRAXIS ISSN 0021-1915

Band 17 (1981) Heft 12, S. 405 – 440

Redaktion und Verlag: Akademie-Verlag, Redaktion Isotopenpraxis, 1086 Berlin, Leipziger Straße 3 – 4

Inhaltsverzeichnis

Originalarbeiten

H. Bruchertseifer, M. Constantinescu, O. Constantinescu, K. A. Gavrilov, M. Schwarzenberg, I. Zvara

Radiochemische Untersuchungen zur Anreicherung von Schwermetallen aus Geothermalquellen

Isotopenpraxis **17** (1981) H. 12, S. 405 bis 410
3 Abb., 8 Tab., 12 Lit.

Unter Verwendung radioaktiver Indikatoren wurden verschiedene Methoden der Abtrennung von Schwermetallen (Ir, Pt, Tl, Pb und Bi) aus den Quellwässern der Halbinsel Tscheleken und des Vulkans Mendelejew der Insel Kunaschir untersucht. Die optimalen Bedingungen zur Anreicherung der genannten Elemente werden angegeben und die Anwendungsbereiche der einzelnen Methoden aufgezeigt. Die eingesetzten Radionuklide wurden durch Bestrahlung von Au- und Ta-Targets mit Kohlenstoff synthesiert und radiochemisch abgetrennt.

B. L. Shujkow

Abscheidung einiger radioaktiver Elemente aus metallischen Zyklotron-Targets durch Sublimation im Luftstrom sowie Abtrennung mit Hilfe von chemischen Selektionsfiltern (*in Russisch*)

Isotopenpraxis **17** (1981) H. 12, S. 411 bis 416
3 Abb., 5 Tab., 28 Lit.

Radioaktive Isotope der Elemente Pt, Ir, Os, Re und Tc wurden im trägerfreien Zustand aus mit beschleunigten ^{12}C- und ^{4}He-Ionen bestrahlten metallischen Tantal-, Wolfram- und Niob-Targets durch Erhitzung im Luftstrom abgeschieden. Bei Temperaturen von 1200 – 1250 °C wird eine schnelle und vollständige Abscheidung erzielt.
Die Pt- und Ir-Isotope wurden im Luftstrom mit Hilfe eines Filters aus Pt absorbierendem metallischem Gold abgetrennt (1000 °C).
Die Re- und Os-Isotope wurden mit Hilfe von CaO-Filtern (1000 °C) oder Mg-Filtern (850 – 1150 °C), die Re absorbieren, abgetrennt. Die Trennfaktoren liegen hier höher als 10^3.

B. Gorski

Über die Abtrennung von Spaltprodukten aus den Abfällen der Kernbrennstoffwiederaufbereitung

Isotopenpraixs **17** (1981) H. 12, S. 416 bis 421
5 Abb., 5 Tab., 18 Lit.

Die Problematik der Abtrennung und Gewinnung von Spaltprodukten aus den Abfällen der Kernbrennstoffwiederaufbereitung ist als Teilaufgabe der Entwicklung der Kernenergie mit geschlossenem Kernbrennstoffzyklus zu betrachten.
Ausgehend von in der Literatur vorgeschlagenen Extraktionsverfahren zur Spaltproduktgewinnung werden Ergebnisse der Extraktion von Palladium und Technetium mit phosphororganischen Verbindungen vorgestellt. Auf der Grundlage der Effektivität und Selektivität des Extraktionsprozesses werden Schlußfolgerungen über die Gewinnung beider Elemente aus Spaltproduktgemischen gezogen.

N. Gorski

Zur Krümmungsabhängigkeit der Oberflächenspannung der Kernmaterie

Isotopenpraxis **17** (1981) H. 12, S. 421 bis 424
4 Abb., 1 Tab., 10 Lit.

Es wurde gezeigt, daß die Krümmungsabhängigkeit der Oberflächenspannung der Kernmaterie der der normalen Flüssigkeiten entspricht. Quantitativ läßt sich diese Abhängigkeit mit der modifizierten Tolmanschen Gleichung beschreiben. Die Oberflächenspannung der flachen Oberfläche der Kernmaterie beträgt $2{,}4 \cdot 10^{17}$ Nm^{-1}. Der δ-Parameter wurde seinem physikalischen Sinn nach als Halbwertsbreite der Kernrandzone gedeutet.

G. Weise, K. Wetzel, G. Stiehl

Isotopengeochemisches Kompartimentmodell des Stickstoffkreislaufs

Isotopenpraxis **17** (1981) H. 12 S. 424 bis 431
7 Abb., 3 Tab., 16 Lit.

Es wird ein Modell des globalen Kreislaufs des Stickstoffs und seiner Isotope beschrieben, das die folgenden geochemischen Reservoire berücksichtigt: Stickstoff in Magmatiten, Stickstoff in Metamorphiten, Stickstoff in Sedimentiten und Stickstoff der Atmosphäre. Das Modell berücksichtigt den Stickstoffaustasuch zwischen Magmatiten und dem Oberen Mantel, den Übergang des Stickstoffs aus Magmatiten und Metamorphiten in die Atmosphäre und den Stickstoffaustausch zwischen Sedimentiten und der Atmosphäre und andere geochemische Prozesse.
Auf der Grundlage aller gegenwärtig zugänglichen $\delta^{15}N$-Werte magmatischer, metamorpher und sedimentärer Gesteine und plausibler Annahmen über die Isotopieeffekte, die bei der Bildung dieser Stickstoffflüsse wirken, werden – unter Benutzung des mathematischen Formalismus der Kompartimenttheorie – quantitative Aussagen abgeleitet über das Ausmaß des Stickstoffaustausches zwischen der Erdkruste und dem Oberen Mantel und über andere Stickstoffflüsse, die den globalen Stickstoffkreislauf charakterisieren.

K. Farjo, G. Haase, W. La'ith, S. Aziz

Verteilung von Deuterium in irakischen Naturgewässern (*in Englisch*)

Isotopenpraxis **17** (1981) H. 12, S. 431 bis 433
1 Abb., 3 Tab., 9 Lit.

In dieser Arbeit wird über den Deuteriumgehalt in mehreren irakischen Wasserressourcen einschließlich deren Ausfällung berichtet und diskutiert. Die ermittelten Daten werden in Form der Größe δ^{D}_{SMOW} ausgedrückt. Hinsichtlich der untersuchten Ausfällungen wurden verhältnismäßig hohe Variationen von δ^{D}_{SMOW} gefunden.

Kurze Originalmitteilungen

W. Tschosnowska, E. Langrock, O. D. Maslow

Konzentration von Spurenelementen aus Thermalsolen der Halbinsel Tscheleken mit Hilfe der Schaumflotation (*in Russisch*)

Isotopenpraxis **17** (1981) H. 12, S. 434 bis 437
5 Abb., 1 Tab., 20 Lit.

B. Lorenz, K.-H. Heinrich, M. Herrmann, G. Möbius

Synthese partiell deuterierter Olefine
Darstellung von Trans-Stilben-D_{10} und Penten-(1)-4,4,5,5,5-D_5

Isotopenpraxis **17** (1981) H. 12, S. 437 bis 438
– Abb., – Tab., 4 Lit.

Informationen

Isotopenpraxis **17** (1981) H. 12, S. 438 bis 439

Buchbesprechungen

Isotopenpraxis **17** (1981) H. 12, S. 440

ISOTOPENPRAXIS

Band **16** (1980) Heft 12, S. 405–440

Redaktion und Verlag: Akademie-Verlag, Redaktion Isotopenpraxis, 1086 Berlin, Leipziger Straße 3–4

Contents

Articles

H. Bruchertseifer, M. Constantinescu, O. Constantinescu, K. A. Gavrilov, M. Schwarzenberg, I. Zvara

Radiochemical Investigations on the Enrichment of Heavy Metals from Geothermal Sources

Isotopenpraxis **17** (1981) No. 12, p. 405 to 410
3 Fig., 8 Tab., 12 Ref.

Using radioactive tracers, various methods of separating heavy metals (Ir, Pt, Tc, Pb and Bi) from spring waters of the Cheleken peninsula and of the Mendeleyev volcano on the Kounashir island were considered. The optimum conditions of enrichment with the said elements are indicated, and the coverage of the various methods is shown. The used radioactive nuclides were synthesized by carbon irradiation of Au and Ta targets and separated the radiochemical way.

B. L. Shoujkov

Separation of Some Radioactive Elements from Metallic Cyclotron Targets through Sublimation in an Air Current, and Separation by Means of Chemical Selective Filters (*in Russian*)

Isotopenpraxis **17** (1981) No. 12, p. 411 to 416
3 Fig., 5 Tab., 28 Ref.

Radioactive Pt, Ir, Os, Re and Tc isotopes in a carrier-free state through heating in an air current were separated from metallic tantalum, tungsten and niobium targets irradiated with accelerated ^{12}C and ^{4}He ions At temperatures between 1200 and 1250 °C, rapid and full separation is achieved. Pt and Ir isotopes in an air current were separated with the aid of a metallic-gold filter absorbing Pt (1000 °C). Pr and Os isotopes were separated by means of CaO filter (1000 °C) or Mg filters (850–1150 C) absorbing Re. In this case the separation coefficient exceeds the value 10^3.

B. Gorski

On the Separation of Fission Products from Nuclear Fuel Waste Reprocessing

Isotopenpraxis **17** (1981) No. 12, p. 416 to 421
5 Fig., 5 Tab., 18 Ref.

The process of separation of fission products from nuclear fuel waste is regarded as a complex problem of the nuclear fuel cycle.
Considering extraction processes proposed in the literature, own results are presented which concern the extraction of Pd and Tc using phosphororganic compounds. Based on the efficiency and selectivity of this extraction process obtained experimentally conclusions are drawn for the gain of both elements from nuclear fuel waste.

N. Gorski

The Curvature Dependence of Surface Tension of the Nuclear Matter

Isotopenpraxis **17** (1981) No. 12, p. 421 to 424
4 Fig., 1 Tab., 10 Ref.

It is shown that the curvature dependence of surface tension of the nuclear matter is analogous to that of normal liquids. This can be quantitatively described by the modified Tolman equation. The surface tension of plane nuclear matter is $2{,}4 \cdot 10^{17}$ Nm^{-1}. The physical interpretation of the δ-parameter is that of the half-width of the nuclear skin region.

Содержание

Статьи

Х. Брухертсайфер, М. Константинеску, О. Констатинеску, К. А. Гаврилов, М. Шварценберг, И. Звара

Радиохимические исследования по обогащению тяжелых металлов из геотермальных источников

Isotopenpraxis **17** (1981) вып. 12, стр. 405 до 410
3 рис., 8 табл), 12 лит.

Радиоактивные индикаторы использовались для рассмотрения различных методов отделения тяжелых металлов (Ir, Pt, Tl, Pb и Bi) изключевых вод полуострова Челекен и вулкана Менделеев на острове Кунашир, Приводятся оптимальные условия обогащения данных элементов, а также области применения отдельных методов. Путем облучения золотых и танталовых мишеней углеродом, применяемые радионуклиды синтетизируются и радиохимически разделяются.

Б. Л. Жуйков

Выделение некоторых радиоэлементов из металлических циклотронных мишеней возгонкой в токе воздуха и разделение селективными химическими фильтрами. I. (*на русск. языке*)

Isotopenpraxis **17** (1981) вып. 12, стр. 411 до 416
3 рис., 5 табл., 28 лит.

Радиоизотопы Pt, Ir, Os, Re, Tc в состоянии без носителя выделяли из облученных ускоренными ионами ^{12}C и ^{4}He металлических мишеней тантала, вольфрама и ниобия путем нагревания в токе воздуха. При 1200–1250 °C достигается быстрое и полное выделение. Изотопы Pt и Ir разделяли в токе воздуха с помощью фильтра металлического золота (1000 °C), поглощающего Pt.
Изотопы Re и Os разделяли с помощью фильтров из CaO (1000 °C) или MgO (850–1150 °C), поглощающих Re. Коэффициенты разделения здесь превышают 10^3.

Б. Горски

Выделение продуктов деления из отходов переработки ядерного топлива

Isotopenpraxis **17** (1981) вып. 12, стр. 416 до 421
5 рис., 5 табл., 18 лит.

Выделение продуктов деления из отходов переработки ядерного топлива рассматривается как комплексная задача топливного цикла. Исходя из предложенных в литературе, экстракционных процессов извачения продуятов деления сообщаются результаты экстракции технеция и палладия фосфорорганическими соединениями. На основании эффективности и селективности экстракционного процесса сделаны выводы об извлечении обоих элементов из смесей продуктов деления.

Н. Горский

О зависимости поверхностного натяжения ядерной материи от её кривизны.

Isotopenpraxis **17** (1981) вып. 12, стр. 421 до 424
4 рис), 1 табл., 10 лит.

Показано, что зависимость поверхностного натяжения ядерной материи от радиуса кривизны аналогична наблюдаемой для нормальных жидкостей. Количественно эта зависимость описывается модифицированным уравнением Толмена. Поверхностное натяжение плоской поверхности ядерной материи составляет 2,4 10^{17} $нм^{-1}$. δ-параметер интерпретирован как полуширина оболочки ядра.

Radiochemische Untersuchungen zur Anreicherung von Schwermetallen aus Geothermalquellen*)

H. Bruchertseifer[1]), *M. Constantinescu*, *O. Constantinescu*, *K. A. Gavrilov*, *M. Schwarzenberg*, *I. Zvara*

(Vereinigtes Institut für Kernforschung, Dubna, UdSSR)

Unter Verwendung radioaktiver Indikatoren wurden verschiedene Methoden der Abtrennung von Schwermetallen (Ir, Pt, Tl, Pb und Bi) aus den Quellwässern der Halbinsel Tscheleken und des Vulkans Mendelejew der Insel Kunaschir untersucht. Die optimalen Bedingungen zur Anreicherung der genannten Elemente werden angegeben und die Anwendungsbereiche der einzelnen Methoden aufgezeigt. Die eingesetzten Radionuklide wurden durch Bestrahlung von Au- und Ta-Targets mit Kohlenstoff synthetisiert und radiochemisch abgetrennt.

Keywords

heavy elements; irradiation procedures; natural waters; radioisotopes; separation processes; thermal springs; tracer amounts

Geothermalquellen der Halbinsel Tscheleken und anderen Ursprungs stellen, bedingt durch ihre Entstehung und die relativ hohe Konzentration an Schwermetallen, ein interessantes Objekt für die Suche nach überschweren Elementen dar [1, 2]. Wie unlängst berichtet wurde [3, 4], konnte in dem Wasser dieser Quellen ein bisher unbekanntes, spontanspaltendes Nuklid festgestellt werden. Die Aktivitätsmessungen zeigten jedoch [4], daß seine Konzentration außerordentlich gering ist (vermutlich $\leq 10^{-14}$ g/g). Für die Untersuchung der chemischen und Kerneigenschaften dieses Spontanspalters [4] ist eine beträchtliche Anreicherung die Voraussetzung. Mit dieser Zielstellung wurden im Labor für Kernreaktionen des VIK Dubna Arbeiten zu Anreicherungsprozessen einer Anzahl von Elementen aus Geothermalquellen begonnen. Diese Schwermetalle sollten, den Voraussagen entsprechend, ein den überschweren Elementen analoges chemisches Verhalten aufweisen.

In der vorliegenden Arbeit werden die Ergebnisse einer Anzahl von Laborexperimenten einiger mit ihren Radioisotopen markierten Schwermetalle zur Sorption an verschiedenen Ionenaustauschharzen, zur Extraktion, Fällung bzw. Mitfällung und Zementation aus den Geothermalquellen der Halbinsel Tscheleken sowie aus der am Vulkan Mendelejew der Insel Kunaschir vorgestellt. Letztere unterscheidet sich in ihrer Zusammensetzung [5] wesentlich von denen der Tschelekener Geothermalquellen.

Herstellung und Einsatz der Radionuklide

Die Durchführung von Modellversuchen zur Konzentrierung von Schwermetallen aus natürlichen Wässern ist mit beträchtlichen Schwierigkeiten verbunden. Die Zusammensetzung der Lösungen ist kompliziert, der Gehalt an Mikrokomponenten und organischen Substanzen ist in der Mehrzahl unbekannt. Deshalb ist eine sichere Angabe der in der Lösung existierenden chemischen Zustandsformen der Elemente nicht möglich. Außerdem ist eine zuverlässige analytische Elementbestimmung, besonders in den ersten Anreicherungsstufen, wenn ihre Konzentrationen noch sehr gering sind, schwierig und arbeitsaufwendig.

Für Untersuchungen dieser Art werden erfolgreich radioaktive Indikatoren eingesetzt. Die Verwendung von trägerfreien radioaktiven Isotopen der zu untersuchenden Elemente gestattet das Arbeiten praktisch ohne Änderung ihrer Ausgangskonzentration im Wasser.

Nach Zugabe der Radionuklide (einige μCi pro 100 ml der Ausgangslösungen) muß die Lösung zur Einstellung des Gleichgewichtes des Isotopenaustausches der chemischen Zustandsformen erhitzt werden (mindestens 3 Stunden im Falle der Verwendung von Tl, Pb und Bi, für Versuche mit Platinmetallen mindestens 70 Stunden bei 70 °C im Thermostat). Danach kann man einfach und schnell über die Messung der γ-Strahlung die markierten Elemente im Verlauf des gesamten Anreicherungsprozesses analytisch

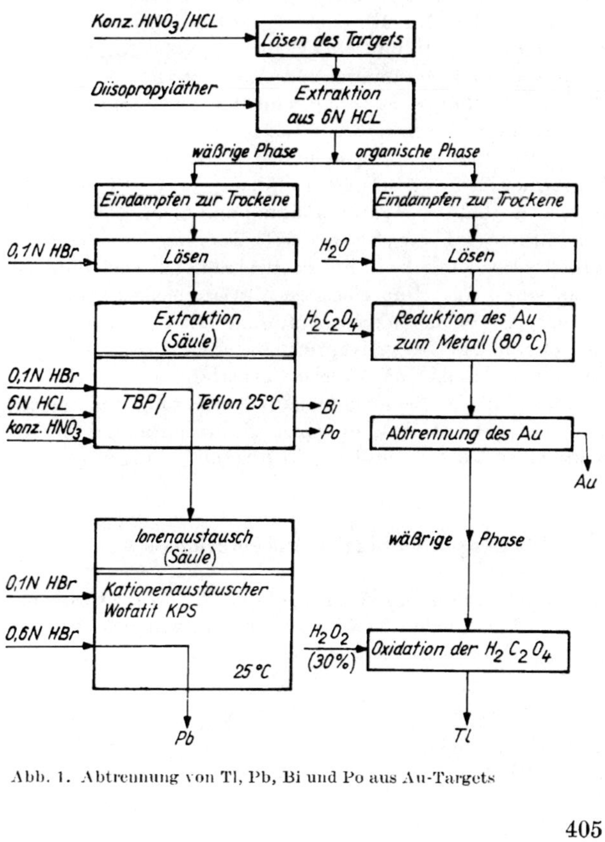

Abb. 1. Abtrennung von Tl, Pb, Bi und Po aus Au-Targets

*) Verfaßt anläßlich des 25jährigen Bestehens des Vereinigten Instituts für Kernforschung

[1]) Anschrift: Zentralinstitut für Isotopen- und Strahlenforschung, 7050 Leipzig, Permoserstr. 15

Tab. 1. Herstellung der als Indikatoren verwendeten Radionuklide

Kernreaktionen		Reaktionsprodukte (geeignet für Tracerversuche)	Radiochemisches Abtrennverfahren
Target	Ion		
Ta	C-12	Ir-188, -189 Pt-188, -189 -191	1. Lösen in HF/HNO_3 2. Überführung in Bromide (Eindampfen mit HBr) 3. Ausfällung und Abtrennung der Tantalsäure aus verdünnter HBr 4. Abtrennung von Hf und der Seltenen Erden durch Sorption an einem starksauren Ionenaustauschharz aus 0,6 N HBr 5. Mehrmaliges Eindampfen mit $HClO_4/HCl$ (+ einige mg NaCl)
Au	C-12	Tl-200, -201 Pb-201, -203 Bi-203, -204 -205 Po-206	siehe Abb. 1

verfolgen. Durch die relativ geringe Anzahl der zur Verfügung stehenden und mit vertretbarem Kostenaufwand einsetzbaren trägerfreien Radionuklide ist die Verwendung dieser Methode zur Durchführung von Modellversuchen leider auf eine geringe Anzahl von Elementen begrenzt. In der vorliegenden Arbeit wurden deshalb zunächst Möglichkeiten der Synthese der notwendigen Radionuklide der Platinmetalle und anderer Schwermetalle untersucht. Dazu wurden verschiedene wärmebeständige Metallfolien natürlicher Zusammensetzung mit Kohlenstoff-12-ionen (Energie ≈ 110 MeV) am Schwerionenbeschleuniger U-200 des Labors für Kernreaktionen des VIK Dubna bestrahlt und Methoden zur radiochemischen Abtrennung der gebildeten Radionuklide in Einzelelementfraktionen (Tl, Pb, Bi, Po) bzw. als Summe (Ir, Pt) ausgearbeitet (siehe Tab. 1).

Für Tracerversuche geeignete radioaktive Isotope der restlichen Platinmetalle können mit guten Ausbeuten bei der Bestrahlung von Zirkonium mit Kohlenstoff (^{97}Ru, ^{100}Pd, ^{100}Rh) bzw. Wolfram mit Helium-4 (^{185}Os) erhalten werden. Ru, Rh und Pd werden dabei analog der Abtrennung von Ir und Pt als Summe vom Target (Zirkonium wird als Oxidhydrat ausgefällt) isoliert.

In den nachfolgenden Experimenten zur Sorption von Halogenidkomplexen und zur Extraktion von Komplexen mit schwefelhaltigen Liganden wurde das Verhalten von Schwermetallen am Beispiel der Elemente Tl, Pb und Bi untersucht und die Hydroxidfällung und Reduktion durch Zementation anhand von Ir, Pt, Tl, Pb und Bi verfolgt.

Die radiochemische Reinheit der radioaktiven Indikatoren wurde mit Hilfe eines Ge(Li)-Gammaspektrometers (Detektorvolumen 35 cm³, Auflösung 2,5 keV bei einer Energie von 661 keV) überprüft, das auch zur Aktivitätsmessung im Falle von Vielelementmarkierung verwendet wurde. Wurden Versuche unter Markierung nur eines Elements durchgeführt, so wurde die Aktivität auf einem Szintellationszähler mit NaJ(Tl)-Kristall gemessen.

Versuchsdurchführung und -ergebnisse

Die charakteristischen Ausgangsdaten der Wasserproben, die zu den Versuchen verwendet wurden, waren folgende:
Natrium-Kalziumchloridquellwasser der Halbinsel Tscheleken
(Gemisch aus mehreren Quellen):

Salzgehalt ≈ 260 g/l (Salzzusammensetzung siehe Tab. 2 [1, 2]), $pH = 6$; $E_h \approx 160$ mV [3, 4]:

Schwefel-salzsaures Quellwasser der Insel Kunaschir: Salzgehalt ≈ 5 g/l; $pH = 1{,}6$; $E_h \approx 430$ mV [5].

Das Redoxpotential E_h wurde in einer Zelle mit Pt- und AgCl-Elektrode gemessen. Außerdem wurden Wasserproben untersucht, die im Verlauf von 5 Minuten mit gasförmigem Chlor gesättigt wurden, dabei stellte sich ein pH-Wert von 1,5–2,0 und ein E_h-Wert von ≈ 1000 mV ein.

1. *Versuche zur Anreicherung von Schwermetallen durch Extraktion*

Als Extragent fand ein technisches Produkt – eine 50%ige Lösung des Zn-Salzes der 2-Äthylhexylisobutyldithiophosphorsäure in Mineralöl – Verwendung. Es konnte erwartet werden, daß es sich ähnlich dem Natriumsalz der Diäthyldithiophosphorsäure, das bereits in Experimenten zur Suche nach überschweren Elementen eingesetzt wurde [6], als ein gutes Extraktionsmittel für Schwermetalle erweist.

Die Ausgangslösungen wurden durch Mischen der Wasserproben mit der verdünnten salzsauren Lösung des radioaktiven Nuklids (einige Tropfen; beim Arbeiten im neutralen pH-Bereich wurden sie mit einer geringen Menge NaCl eingedampft und in dem Quellwasser gelöst), wenn erforderlich unter Zugabe von HCl, hergesetllt. Die Extraktionen mit dem Tschelekener Wasser wurden mit der Ausgangslösung sowie 3 HCl-Konzentrationen (0,1 M; 0,4 M und 1 M), mit Wasser von der Insel Kunaschir aus 0,1 N HCl vorgenommen.

Jeder Versuch wurde mit 5 ml Ausgangslösung plus 0,5 ml 0,02 M Lösung des Extraktionsmittels in Aceton in einem Scheidetrichter ausgeführt. Um die Einstellung des Komplexbildungsgleichgewichtes zu beschleunigen, wurde das Gemisch 3 Minuten bei 70 °C erhitzt. Nach der Abkühlung wurden 5 ml Chloroform zugegeben und 3 Minuten bei Zimmertemperatur extrahiert, und die Phasen durch Zentrifugierung getrennt.

Zum Vergleich wurden Extraktionsversuche aus reiner verdünnter Salzsäure (0,1 M, 0,4 M und 1 M) herangezogen. Außerdem wurden die natürlichen Wässer in einigen Fällen vorher bis zum $E_h \approx 1000$ oxydiert, Quellwasser aus Tscheleken mit Hilfe von Chlorgas (5 minütiges Durchleiten), Wasser aus Kunaschir durch Zugabe von Kaliumpersulfat (20 g/l).

Die Ergebnisse mit dem Tschelekener Wasser sind in Abb. 2 zusammengefaßt. Es ist ersichtlich, daß Bi sowohl aus dem ursprünglichen Wasser (>95%) als auch aus dem

Tab. 2. Mittlere Elementgehalte der Geothermalquellen der Halbinsel Tscheleken

Element	Konzentration g/l	Element	Konzentration g/l
Mg	3,1	Cd	$1,4 \cdot 10^{-3}$
Na	76	Sn	$3 \cdot 10^{-5}$
Si	$3 \cdot 10^{-4}$	Tl	$2 \cdot 10^{-4}$
K	0,5	Pb	$3 \cdot 10^{-3}$
Ca	20,5	Cl	160
Mn	$4 \cdot 10^{-2}$	Br	0,5
Fe	$1,8 \cdot 10^{-2}$	J	$2,5 \cdot 10^{-2}$
Ni	$6 \cdot 10^{-4}$	SO_4^{2-}	0,369
Cu	$2,2 \cdot 10^{-3}$	$H_2BO_4^-$	0,105
Zn	$3,8 \cdot 10^{-3}$	HCO_3^-	$2,3 \cdot 10^{-2}$
Rb	$6,5 \cdot 10^{-4}$	U	$2 \cdot 10^{-6}$
Sr	0,7		

mit HCl angesäuerten (im untersuchten Säurekonzentrationsbereich) gut extrahiert wird. Die prozentuale Extraktion des Pb liegt etwas niedriger, ist im HCL-Konzentrationsbereich bis 0,4 M größer als 85% und fällt bei 1 M HCl auf ≈ 54% ab. Tl wird nur aus der neutralen Lösung zufriedenstellend (≈ 77%) extrahiert, in Gegenwart von HCl ist ein starker Abfall zu verzeichnen. Der Vergleich mit den Ergebnissen der Extraktion dieser Elemente aus reiner HCl-Lösung (Abb. 3) ergibt, daß die Anwesenheit von Salz die Extraktion der Schwermetalle herabsetzt. Dieser Effekt ist am Tl deutlicher ausgeprägt als beim Pb, beim Bi dagegen ist er kaum bemerkbar.

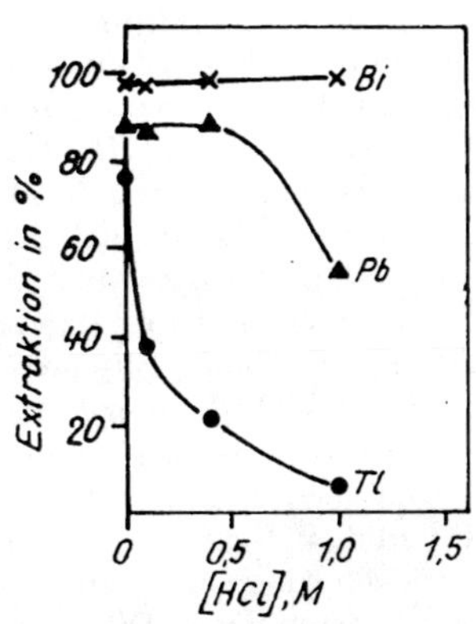

Abb. 2. Extraktion von Tl, Pb und Bi aus mit Salzsäure versetztem Quellwasser der Halbinsel Tscheleken

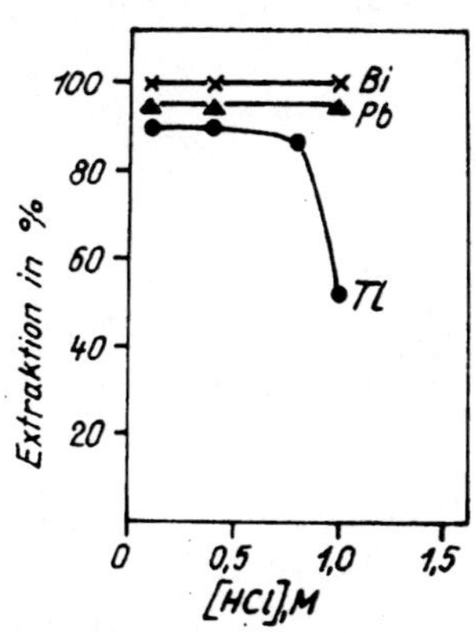

Abb. 3. Extraktion von Tl, Pb und Bi aus Salzsäure

Der starke Einfluß von hohen Salzkonzentrationen in der wäßrigen Phase (einschließlich solcher „Inert"salze wie NaCl) auf die Extraktionsparameter von Spurenelementen wurde auch in anderen Systemen beobachtet [7, 8].

Versuche mit durch Chlor oxydiertem Wasser ergaben keine zusätzliche Information, da vermutlich in der Lösung vorhandene Chlorreste des Extraktionsmittel teilweise zersetzen.

Die Ergebnisse zur Schwermetallextraktion aus dem angesäuerten Kunaschirwasser (0,1 M HCl) sind in Tab. 3 dargestellt und zeigen in allen Fällen gute Extraktionsausbeuten.

Damit kann resümiert werden, daß das Zinksalz der 2-Äthylhexylisobutyldithiophosphorsäure mit Erfolg zur Extraktion von Schwermetallen aus natürlichen Wässern eingesetzt werden kann. Gute Ergebnisse aus dem Tschelekener Quellwasser werden für Bi und Pb bis zu HCl-Konzentrationen von 0,4 N erhalten, für Tl nur aus dem nicht angesäuerten Wasser.

Tab. 3. Extraktion von Tl, Pb und Bi aus dem angesäuerten (0,1 N HCl) Quellwasser der Insel Kunaschir

E_h in mV	Extraktion in %		
	Tl	Pb	Bi
430	78	90	98
1000	60	93	98

2. *Untersuchungen zur Sorption an Ionenaustauschharzen*

Es wurde angestrebt, eine möglichest breiten Spektrum von Ionenaustauschharzen stark und schwach saure Kationenaustauscher (KU-2, KM), monofunktionelle Anionenaustauscher (z. B. AW-17), polyfunktionelle Anionenaustauscher (z. B. EDE-10P) und Ampholyte [9, 10]) in die Untersuchungen einzubeziehen. Die Kenndaten der in dieser Arbeit verwendeten Ionenaustauschharze sind in Tab. 4 aufgeführt.

Die Sorption unter dynamischen Bedingungen wurde in Glaskolonnen mit einem Innendurchmesser von 0,4 cm an 0,2 g Harz (Schichthöhe nach der Quellung mit Wasser ≈ 3 cm) untersucht. Dazu wurden 20 ml des markierten Quellwassers bei Zimmertemperatur mit einer Geschwindigkeit von 1 ml/min · cm² durch die Säule gegeben. Eine spezielle Vorbehandlung des Harzes wurde nicht vorgenommen, um die Versuchsbedingungen möglichst ähnlich denen ihres Einsatzes unmittelbar an den Geothermalquellen im großen Maßstab zu gestalten. Die protenzuale Sorption der einzelnen Elemente wurde durch Vergleich ihrer spezifischen Aktivität der Ausgangslösung mit der der Lösung nach dem Durchtritt durch die Ionenaustauscherschicht ermittelt. Die erhaltenen Ergebnisse sind in Tab. 5 aufgeführt An diesen Daten ist ersichtlich, daß an Kationenaustauschern und an Ampholyt ziemlich geringe Mengen an Tl, Pb und Bi aus dem Tschelekener Wasser sorbiert werden.

Bei Anwesenheit von Halogenidionen treten Pb(II), Bi(III) und Tl(III) in Lösung als Komplexionen des Typs Pb^{2+}, Pbx^+, Pbx_2, Pbx_3^-, Pbx_4^{--} bzw. in hydrolysierten Formen auf (Tl(I) bildet offensichtlich keine negativ geladenen Halogenidkomplexe), wobei x = Cl^-, Br^- oder J^- sein kann. In den Lösungen der Geothermalquellen der Halbinsel Tscheleken ist das Gleichgewicht zwischen den verschiedenen möglichen Komplexformen in Richtung

Tab. 4. Charakteristika der verwendeten Ionenaustauschharze

Ionenaustauschharz		Aktive Gruppenform	Beladungsform	Gesamtgewichtskapazität in mval/g	Korngröße in mm
I	starksaurer Kationenaustauscher (KU-2)	$-C_6H_4-SO_3^-$	H^+	4,7	0,2–0,4
II	schwach saurer Kationenaustauscher (KM)	$-CH-COO^-$	H^+	7,6	0,4–0,5
III	Ampholyt	$=CH-COO^-$, $=\overset{+}{N}H$	H^+, Cl^-	8	0,4–0,5
IV	stark basischer Anionenaustauscher (AB-17)	$-\overset{+}{N}(CH_3)_3$	Cl^-	4,3	0,2–0,3
V	Anionenaustauscher (EDE-10 P)	$\equiv N$, $=NH$, $-\overset{+}{N}R_3$	Cl^-	10	0,8–1,0
VI	Anionenaustauscher	$-C_5H_4\overset{+}{N}-R$, $-\overset{+}{N}R_3$	Cl^-	4	0,3–0,6
VII	stark basischer Anionenaustauscher	$-C_5H_4\overset{+}{N}-R$	Cl^-	5	0,3–0,4

Tab. 5. Ionenaustauschsorption von Tl, Pb und Bi aus den Geothermalquellen der Halbinsel Tscheleken (Säulenversuche)

Ionenaustauschharz	Sorption in %					
	Tl		Pb		Bi	
	E_h in mV		E_h in mV		E_h in mV	
	160	1000	160	1000	160	1000
I	16	26	7	9	38	40
II	19	49	17	10	37	27
III	7	20	3	12	20	27
IV	9	88	19	25	89	88
V	22	97	91	84	90	94
VI	20	98	18	96	87	97
VII	17	67	20	21	80	85

neutraler und negativ geladener Komplexe verschoben, was in Übereinstimmung mit der geringen Sorption an Kationenaustauschharzen und der hohen Anionenaustauschsorption steht. Das trifft in erster Linie für Bi zu, das zu 80–90% sorbiert wird. In Übereinstimmung mit den Ergebnissen aus HCl von *Sviderskij* und Mitarbeiter [11] wird die höchste Bleisorption am Ionenaustauschharz EDE-10P beobachtet.

Nach Sättigung des Wassers mit Chlor (E_h steigt auf 1000 mV an, während der pH-Wert auf 1,5–2,0 abfällt) ist eine beträchtliche Zunahme der Sorption von Thallium an Anionenaustauschharzen (bis 98% an Harzen der Typen V und VI, siehe Tab. 5) zu verzeichnen. Es entsteht Tl(III), das negativ geladene Halogenidkomplexe mit hohem Verteilungskoeffizienten zwischen Anionenaustauschharzen und wäßrigen Lösungen bildet. Nach Sättigung der Lösung mit Chlor steigt die Sorption von Pb auf 96% (Harz des Typs VI) und nimmt auch für Bi zu.

Da die Kolonnenversuche bei relativ hohen Durchflußgeschwindigkeiten ausgeführt wurden (bedingt durch die Vorgaben der technologischen Aufarbeitung großer Wassermengen), wurde die Ionenaustauschsorption außerdem durch Gleichgewichtseinstellung von 200 mg Harz mit 10 ml markiertem Quellwasser gemessen. Eine Schütteldauer von 3 Stunden erwies sich als ausreichend. Anschließend wurde die Aktivitätsverteilung zwischen Lösung und Harz gemessen. Die erhaltenen Verteilungskoeffizienten sind aus Tab. 6 zu entnehmen. Sie befinden sich im Rahmen der Meßfehlergrenzen in Übereinstimmung mit denen, die unter den dynamischen Sorptionsbedingungen erhalten wurden und weisen die gleichen Gesetzmäßigkeiten aus.

Somit folgt aus den erhaltenen Ergebnissen, daß zur Anreicherung von Tl, Pb und Bi aus den Geothermalquellen der Halbinsel Tscheleken Anionenaustauscher mittlerer Basizität am vorteilhaftesten sind. Die besten Ergebnisse wurden nach der Oxydation mit Chlorgas und

Tab. 6. Ionenaustauschsorption von Tl, Pb und Bi aus den Geothermalquellen der Halbinsel Tscheleken (statische Versuche)

Ionenaustauschharz	Verteilungskoeffizient in ml/g					
	Tl		Pb		Bi	
	E_h in mV		E_h in mV		E_h in mV	
	160	1000	160	1000	160	1000
I	5,5	13,5	3,0	6,0	29,5	27,5
II	19,0	42,0	7,5	7,0	19,5	19,0
III	4,5	6,0	2,0	7,5	12,0	17,5
IV	7,5	$4{,}35 \cdot 10^2$	10,5	13,0	$3{,}72 \cdot 10^2$	$4{,}60 \cdot 10^2$
V	15,0	$1{,}26 \cdot 10^3$	$3{,}25 \cdot 10^2$	$2{,}57 \cdot 10^2$	$4{,}94 \cdot 10^2$	$1{,}03 \cdot 10^3$
VI	9,5	$1{,}96 \cdot 10^3$	11,5	$1{,}10 \cdot 10^3$	$3{,}45 \cdot 10^2$	$1{,}60 \cdot 10^3$
VII	7,5	78,0	9,5	48,0	$3{,}80 \cdot 10^2$	$3{,}80 \cdot 10^2$

unter Verwendung des Harzes EDE-10P und des Anionenaustauschers vom Typ VI erhalten.

3. *Hydroxidfällung und elektrochemische Abtrennung (12)*

Eine der gebräuchlichsten Methoden zur Konzentrierung vom Schwermetallspuren ist ihre Fällung und Mitfällung mit verschiedenen schwerlöslichen Verbindungen. Für den vorliegenden konkreten Fall gestatten die in den Goethermalquellen vorliegenden Konzentrationen an Mg, Ca, Mn und Fe eine Mitfällung der Schwermetalle z. B. an den Hydroxiden dieser bereits vorhandenen Elemente. Die erzielten Ergebnisse (Tab. 7) zeugen von dem hohen Prozentsatz der Abtrennung von Ir, Pt, Tl, Pb und Bi aus den natürlichen Wässen bei der Fällung mit NaOH. Als optimale Fällungsbedingungen (geringe Niederschlagsmenge bei hohen Abtrennausbeuten) für die Anreicherung der Schwermetalle aus den Geothermalquellen von Tscheleken und Kunaschir wurden $pH = 8$ und ein Redoxpotential E_h von ≈ 1000 mV ermittelt. Mit dem Niederschlag werden die Spurenelemente zu mehr als 96% (außer Ir) abgetrennt; die Niederschlagsmenge beläuft sich dabei auf 1,9% (Tscheleken) bzw. 7% (Kunaschir) der in dem Wasser vorhandenen Gesamtsalzmenge.

Erfolgreich kann auch die selbständig ablaufende Abscheidung der Elemente auf Metallen mit einem negativeren Potential angewandt werden (Zementation). So scheiden sich die genannten Metalle nahezu quantitativ auf Zinkspänen (von 70% für Pt bis zu 100% für Tl; siehe Tab. 8) ab.

Zusammenfassung der Ergebnisse und Schlußfolgerungen

Unter Ausnutzung verschiedener chemischer Gruppeneigenschaften der schweren Elemente der 6. Periode des Periodensystems der Elemente wurden am Beispiel einiger typischer Vertreter dieser Metalle Möglichkeiten ihrer Anreicherung aus natürlichen Wässern unterschiedlicher Zusammensetzung untersucht.

Die ausgeprägte Tendenz dieser Elemente zur Komplexbildung mit schwefelhaltigen Liganden und zur Bildung

Tab. 7. Abtrennung von Schwermetallen aus den Geothermalquellen der Halbinsel Tscheleken und der Insel Kunaschir durch Hydroxidfällung

Ausgangsdaten der Wässer E_h in mV	pH	pH	Niederschlagsmenge in g aus 1 l	in % des ursprüngl. Salzgehalt.	Tl	Pb	Bi	Ir	Pt
					Elementgehalt im Niederschlag (in % der Ausgangsmenge)				
					Quellwasser der Halbinsel Tscheleken				
		7,5	0,3	0,12	12	83	80	20	29
		8,3	3,5	1,3	17	93	90	23	88
160	6	9,0	6,7	2,6	21	93	96	35	84
		10,2	13	5	46	94	100	46	88
		7,5	1,3	0,5	92	75	94	36	98
		8,3	4,8	1,9	100	99	97	39	96
1000	2	9,0	10	4	100	99	98	25	89
		10,2	30	12	98	99	99	25	89
					Quellwasser der Insel Kunaschir				
		8	0,50	7	35	85	94	84	92
430	2	9	0,65	9	37	81	93	84	89
		8	0,50	7	95	99	95	88	94
1000	2	9	0,65	9	76	96	94	91	93

Tab. 8. Zementierung von Schwermetallen

zementierendes Metall	Temperatur in °C	Kontaktdauer in min	Abscheidung der Elemente in % Tl	Pb	Bi	Ir	Pt
			Quellwasser der Halbinsel Tscheleken				
	20	70	90	100	85	70	38
	40	70	90	100	80	68	70
Zn	70	70	100	100	70	73	90
	70–20	120	97	96	82	69	86
Fe	70–20	120	87	88	82	32	76
Hg	70–20	120	10	10	56	18	75
			Quellwasser der Insel Kunaschir				
Zn	100–20	120	100	97	93	70	72
Hg	100–20	120	0	0	5	3	60

schwerlöslicher Hydroxide (die u. a. geochemisch zu den sulfidischen und oxidischen Erzlagerstätten führte) läßt sich

a) zu ihrer Extraktion, wie am Beispiel der Verwendung von Zinksalz der 2-Äthylhexylisobutyldiphosphorsäure gezeigt werden konnte, und

b) zu ihrer Konzentrierung durch Fällung und Mitfällung an Hydroxiden von bereits in geringen Mengen in den natürlichen Wässern vorhandenen Kollektormetallen, wie Eisen, Mangan, aber auch Magnesium und Kalzium nutzen. Die besten Fällungsergebnisse wurden nach Oxydation mit Chlorgas erreicht. Dabei werden gleichzeitig die oft die Abtrennung erschwerenden organischen Bestandteile zerstört.

Bedingt durch den edlen Charakter, d. h. das positivere Potential der betrachteten Elemente und ihrer Ionen in den wäßrigen Lösungen gegenüber Zink, führte eine direkte Abscheidung durch Zementation aus den Geothermalquellen zum Erfolg.

Die genannten Methoden sind nicht sehr selektiv und gestatten nur die Abscheidung von einzelnen Gruppen von Elementen. Sie können sich aber als optimal in den ersten Stufen der Anreicherung schwerer Elemente und ihrer überschweren Analoga aus natürlichen Wässern, die große Mengen an Alkali- und Erdalkalielementen enthalten, erweisen.

Die in der chemischen Technologie zur Metallabtrennung häufig genutzte Sorption und Desorption an Ionenaustauschharzen kann auch bei der Anreicherung von Schwermetallen aus den in der Natur oft vorkommenden halogenidhaltigen Lösungen — wie am Beispiel der Elemente Tl, Pb und Bi gezeigt wurde — verwendet werden. Die starke Neigung aller Elemente von Os bis Bi zur Komplexbildung mit Halogenidionen führt zum Vorliegen negativ geladener Metallkomplexe, die sorbiert und dadurch von den Aklali- und Erdalkalimetallen (Hauptbestandteil der Geothermalquellen von Tscheleken) getrennt werden konnten.

Abschließend kann festgestellt werden, daß die in den obengenannten Laborversuchen erhaltenen Ergebnisse die Ausarbeitung eines den jeweiligen konkreten Bedingungen der Expeditions- oder Laborarbeit angepaßten Anreicherungsverfahrens der Elemente von Os bis Bi erlauben. Die Orientierung auf die unterschiedlichsten Eigenschaften dieser Elementgruppe sollte besonders bei der Suche nach überschweren Elementen von Vorteil sein.

Die Autoren danken Herrn Prof. *G. N. Flerov* (Mitglied der Akademie der Wissenschaften der UdSSR) für die Aufgabenstellung und das ständige fördernde Interesse an der Arbeit.

Eingegangen am 24. 3. 1981

Literatur

[1] *Yu. T. Churburkov, L. M. Lebedev*, Radiokhimiya **16** (1974) 524 (*in Russian*)
[2] *Yu. T. Churburkov* et al., Radiokhimiya **16** (1974) 827 (*in Russian*)
[3] *G. N. Flerov* et al., Preprint JINR R6-10581, 1977 (*in Russian*)
[4] *G. N. Flerov* et al., Preprint JINR D7-11724, 1978 (*in Russian*)
[5] *L. M. Lebedev, I. B. Nikitin*, Sovremennye gidrotermy i mineraloobrazovanie, Verlag "Nauka", Moskau 1977, p. 3 (*in Russian*)
[6] *W. Brüchle*, et al., Transplutonium Elements. Eds. *W. Müller, R. Lindner*. North-Holl. Publ. Comp., Amsterdam 1976, p. 29
[7] *Yu. A. Zolotov, N. M. Kuzmin*, Ekstraktsionnoe kontsentrirovanie, Verlag "Khimiya", Moskau 1971, p. 27 (*in Russian*)
[8] *H. Bruchertseifer* et al., Preprint JINR 12-128999, 1979 (*in Russian*)
[9] *A. A. Lure*, Sorbenty i khromatograficheskie nositeli, Verlag "Khimiya", Moskau 1972 (*in Russian*)
[10] *H. Bruchertseifer* et al., Preprint JINR 12-12901, 1979 (*in Russian*)
[11] *M. F. Sviderskii, N. G. Moshchanskaya, N. N. Pyzhkov*, Radiokhimiya 5 (1976) 800 (*in Russian*)
[12] *H. Bruchertseifer* et al., Preprint JINR 12-80-147, 1980 (*in Russian*)

Выделение некоторых радиоэлементов из металлических циклотронных мишеней возгонкой в токе воздуха и разделение селективными химическими фильтрами. I.*)

Б. Л. Жуйков

(Объединенный институт ядерных исследований, лаборатория ядерных реакций, Дубна)[1])

Радиозотопы Pt, Ir, Os, Re, Tc в состоянии без носителя выделяли из облученных ускоренными ионами ^{12}C *и* ^{4}He *металличиских мишеней тантала, вольфрама и ниобия путем нагревания в токе воздуха. При 1200—1250 °C достигается быстрое и полное выделение.*

Изотопы Pt и Ir разделяли в токе воздуха с помощью фильтра металлического золота (1000 °C), поглощающего Pt.

Изотопы Re и Os разделяли с помощью фильтров из CaO (1000 °C) или MgO (850—1150 °C), поглощающих Re Коэффициенты разделения здесь превышают 10^3.

Keywords

carrier-free isotopes; cyclotrons; filters; radioisotopes; separation coefficients; separation processes; sublimation; targets

1. Введение

Выделение из циклотронных мишеней радиоактивных изотопов в состоянии без носителя — важная радиохимическая задача, решаемая различными методами. Большую роль здесь играют методы, основанные на возгонке летучих элементов и соединений и их термохроматографическом разделении [1].

В работах, проводимых в Лаборатории ядерных реакций ОИЯИ по синтезу и поиску новых элементов, в качестве радиоактивных отметчиков требуются, в частности, ближайшие аналоги элементов 107—110-рений, осмий, иридий, платина в состоянии без носителя, а также их более легкие аналоги как, например, технеций.

Все эти элементы летучи в виде окисных соединений, что нами положено в основу методика выделения из циклотронных мишеней.

Нейтронодефицитные изотопы рения, осмия, иридия получали ранее путем возгонки в токе воздуха из облученных ускоренными протонами мишеней вольфрама [2], золота [3], окислов свинца [4], урана и тория [5]. Эти изотопы, а также изотопы платины, выделяли из ртути, облученной протонами, отгоняя ртуть в токе водорода [6, 7]. Долгоживущий изотоп технеция (^{95}Tc) получали, сжигая металлический молибден облученный протонами [8].

Достаточно высокие активности различных радиоизотопов платиновых элементов, рения и технеция можно получить также в реакциях с α-частицами и тяжелыми ионами. Как показано в настоящей работе, газохимическое выделение изотопов из мишеней в токе воздуха при этом оказывается простым и эффективным.

Для разделения возогнанных элементов мы пропускали их в токе газа через химические фильтры при высокой температуре, избирательно поглощающие некоторые элементы. Предлагаемые на этом принципе методики проще и позволяют добиться лучшего разделения, чем при обычно используемой термохроматографии.

Другой принцип для разделения элементов, который использовался в этой работе, основан на том, что при сжигании металлической мишени в токе воздуха содержание кислорода в выходящем газе, а следовательно и летучесть некоторых микроэлементов, сильно меняется со временем.

2. Экспериментальная часть

2.1. *Синтез радионуклидов* Re, Os, Ir Pt *и* Tc *на циклотроне и γ-спектрометрические измерения*

Мишени-металлические фольги тантала, вольфрама и ниобия толщиной от 15 до 220 *мкм* облучали на циклотроне У-200 ЛЯР ионами $^{4}He^{+1}$ и $^{12}C^{+3}$ различных энергий (ток до 15 *мкА*). γ-спектрометрические измерения полученных изотопов осуществляли с помощью полупроводникового Ge(Li) детектора с разрешением около 3 *КэВ* (для энергии 352 *кэВ*) и анализаторов ВМ-96 Intertechnik и УНО-4096-90 (4096 каналов).

При облучении мишеней тантала и ниобия ионами ^{4}He из долгоживущих γ-активных изотопов образуются практически только изотопы рения и технеция соответственно (см. табл. 1).

При облучении же тантала ионами ^{12}C могут образовываться радионуклиды нескольких элементов в основном это изотопы ^{188}Pt и ^{188}Ir (табл. 1). Последний изотоп является дочерним более долгоживущего ^{188}Pt, поэтому для изучения поведения иридия в химических опытах контроль осуществлялся либо за изотопом ^{186}Ir (в первые дни после облучения), образующимся при больших энергиях ионов ^{12}C (около 110 *МэВ*), либо за изотопом ^{189}Ir (свыше 5 дней после облучения), образующийся при меньших энергиях (60—80 *МэВ*). Кроме изотопов иридия и платины (табл. 1) при больших энергиях ^{12}C образовывались в значительно меньших количествах изотопы ^{182m}Re, ^{183}Re

[1]) Адрес: Head Past Office, P. O. Box 79, 101000 Moskau, UdSSR

*) Verfaßt anläßlich des 25jährigen Bestehens des Vereinigten Instituts für Kernforschung

Табл. 1. Основные изотопы, образующиеся при облучении мишеней Ta, W и Nb ускоренными ионами ^{4}He и ^{12}C

Мишень	Частица	Нуклид	$T_{1/2}$ (дни)	Энергии γ-квантов (кэВ) и квантовый выход (%)
Ta	^{12}C	^{188}Pt	10,2	187,6(19), 195,1(18), ...
		^{191}Pt	2,8	538,9(14) ...
		^{186}Ir	0,66	296,9(65), 137,2(41), ...
		^{188}Ir	1,7	155,0(32), ...
		^{189}Ir	13,3	244,8(18), ...
Ta	^{4}He	^{183}Re	70	162,3(22), 291,7(10), ...
W	^{4}He	^{185}Os	94	646,1(81), 162,8(1), ...
		^{183}Re	70	162,3(22), 291,7(10), ...
Nb	^{4}He	^{95}Tc	60	582,1(33), ...

и ^{182}Ta, продукты деления компаунд-ядра ^{82}Br, ^{120}Sb, ^{99}Tc-Mo и др. В некоторых случаях были замечены ^{97}Ru и ^{101m}Rh (по-видимому, из ниобия, содержащегося в танталовой фольге).

2.2. *Постановка экспериментов по выделению радиоактивных нуклидов из мишеней*

Облученную мишень, разрезанную на полоски, помещали в кварцевую трубку внутренним диаметром 2,5—4 *мм*. В трубку с помощью мембранного или перестатического насоса подавали атмосферный воздух (содержащий обычно пары воды около 10 *мм* рт. ст.) с объемным расходом 10—20 *мл/мин*. В случае вольфрамовой мишени использовали осушенный воздух, так как вольфрам образует летучую гидроокись [11]

Нагревание производили печами накаливания. Температуру измеряли с помощью Pt—PtRh термопар с точностью $\pm 10^0$.

Возогнавшиеся из мишеней элементы осаждали на внутренней поверхности кварцевой трубки на выходе из печи или непосредственно на порошке образца, в который требовалось внести отметчики. При смывании отметчиков с кварцевой трубки в раствор переходит около 90% всех изотопов. Осмий, образующий легколетучую четырехокись, вносили в раствор также путём барботажа газа, выходящего из трубки. Заметная часть активности при этом оставалась на подводящей трубке.

При изучении зависимости выделения элементов из мишеней в токе воздуха от времени использовали длинные печь и трубку. Трубку периодически сдвигали в направлении тока газа и сразу отрезали конец трубки с возогнанными продуктами. Для улавливания легколетучих элементов в конец трубки, охлаждаемый водой, каждый раз помещали гранулы активированного угля.

Вместо сдвигаемой трубки использовали также периодически сменяемые платиновые фольги — сборники летучих элементов.

2.3. *Измерение концентрации кислорода в газе*

При сжигании тантала, практически весь кислород сначала реагирует с металлом, и возгоняются только элементы, летучие в элементарном состоянии. По окончании окисления возгоняются уже летучие окислы.

Для контроля за концентрацией кислорода в газе использовали твердотельную электрохимическую ячейку [9, 10]. Ячейка представляет собой трубку из керамики на основе ZrO_2 платиновыми контактами внутри и снаружи трубки, нагреваемой до 700 °C. Между контактами возникает э.д.с. которая зависит от разности концентраций кислорода внутри трубки и вне ее (формула Нернста), измеряемая ламповым вольтметром.

Ячейку устанавливали на выходе из реакционной трубки. С помощью этого прибора точно фиксировался момент окончания окисления. Время полного окончания окисления совпадало с рассчитанным по реакции $4\,Ta + 5O_2 \rightarrow 2\,Ta_2O_5$, исходя из веса тантала и расхода газа.

В момент окончания окисления либо сдвигали трубку, как описывалось выше, либо пускали ток газа в обратную сторону, что позволяло возогнать летучие элементы отдельно от летучих окислов.

2.4. *Селективные фильтры из металлического золота, окисей кальция и магния*

Для разделения платины и иридия, выделенных из тантала, использовали фильтр из металлического золота в виде фольги площадью около 2 *см*² и толщиной 5 мкм или более, помещенной в кварцевую трубку. Возогнанные изотопы платины и иридия пропускали в токе воздуха через этот фильтр нагретый до температуры 1000 ± 50 °C, который поглощал платину.

Разделение осмия и рения, выделенных из вольфрама, производили с помощью фильтров из окисей кальция и магния, поглощающих рений. Порошок окисей марки „ХЧ", помещали плотным слоем в кварцевую трубку и удерживали там тампонами из кварцевой ваты. При длине слоя 2—3 *см* в системе возникало избыточное давление 0,2—0,3 атм. Для уменьшения сопротивления фильтру большой длины придавали пористость, перемешивая окись кальция с кварцевой ватой. Перед тем как использовать фильтры при высокой температуре, их осторожно прогревали в токе газа при более низких температурах, чтобы удалить влагу.

3. Результаты и обсуждение

3.1. *Влияние температуры на выделение элементов из окисляющихся мишеней*

В ходе сжигания тантала, вольфрама и ниобия в токе воздуха возможно образование различных окислов и нитридов. Возможно также образование интерметаллических соединений и двойных окислов выделяемых элементов с веществом мишени. На возгонку радионуклидов сложным образом влияют процессы диффузии и спекания. Не задаваясь целью изучить весь процесс всесторонне, мы определяли общие оптимальные условия для быстрого и полного выделения радиоэлементов.

Влияние температуры можно проследить на примере возгонки ^{95}Tc из облученного ниобия.

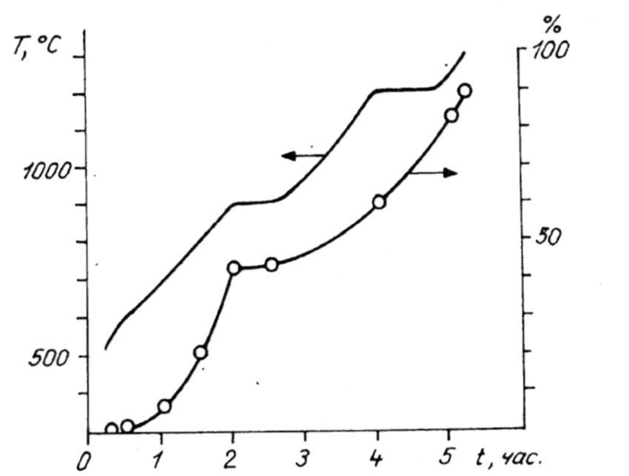

Рис. 1. Влияние температуры на процесс выделения ^{95}Tc из фольги металлического ниобия (50 *мкм*), нагреваемой в токе воздуха

На рис. 1 представлен суммарный процент выделения технеция в зависимости от времени и температуры нагревания. Выделение технеция начинается с началом окисления ниобия выше 600 °C. Повышение температуры до 900 °C приводит к интенсивному улетучиванию ^{95}Tc, но дальнейшее выделение изотопа в ходе нагревания при той же температуре прекращается. Новое повышение температуры снова сопровождается интенсивным улетучиванием, которое уже не прекращается со стабилизацией температуры при 1200 C°. При этой температуре достигается высокий процентный выход ^{95}Tc из мишени (> 90 %).

Такие же высокие температуры (1200—1250 °C) необходимы для полного выделения платиновых элементов и рения из тантала и вольфрама (табл. 2).

Этот результат соответствует данным работ [2, 11], в которых проводили выделение рения из вольфрама и вольфрама из тантала при более низких температурах и даже значительное увеличение времени нагревания не привело к полному выделению изотопов.

Такой характер зависимости выделения от температуры можно объяснить, по-видимому, образованием при повышении температуры двойных окислов, разлагающихся при 1200 °C. Так, все платиновые металлы, технеций, рений способны, по-видимому, образовывать ниобаты и танталаты [12]. Известны такие соединения для родия [13] и марганца [14] — аналога технеция.

Следует отметить, что процент выделения рения в осушенном воздухе, как и в работе [2] был значительно меньше, чем во влажном. Это связано с тем, что рений (как и технеций) может образовывать гидроокись $HReO_4$, обладающую высокой летучестью [15].

Коэффициент очистих выделяемых нуклидов от вещества мишени в случае возгонки из тантала и ниобия чрезвычайно высок, и его трудно оценить. Вольфрам же должен возгоняться в наших условиях в виде $(WO_3)_3$ в количестве 5.10^{-5} мкг (900 °C) и 10 мкг (1190 °) (рассчитано по данным о давлении пара [16]), так что коэффициенты очистки будут соответственно 10^{10} и 10^5. При использовании фильтров из окисей кальция или магния (см.ниже), значения коэффициентов очистки от вольфрама должны сильно возрастать.

3.2. *Зависимость выделения элементов от времени и состава отходящих газов*

Кинетика выделения элементов при 1200—1300 °C существенно зависит от толщины и массы мишеней. Так при нагревании тонкой танталовой мишени с массой, например, 20 мг (рис. 2) весь металл сразу окисляется, и уже за 30 мин. выход Pt и Ir составляет более 90%. При более длительном нагревании достигается практически полное выделение (до 99,97% Pt, 99,6% Ir, >99% Ru, 81% Rh). Несколько меньший процент выделения родия можно объяснить тем, что известное соединение этого элемента $RhTaO_4$ начинает разлагаться лишь при 1220 °C [13].

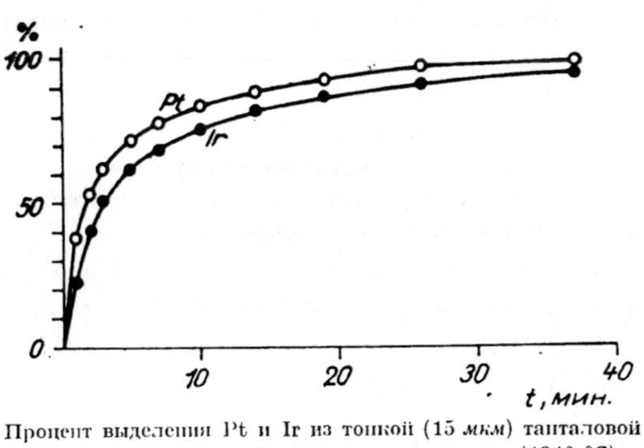

Рис. 2. Процент выделения Pt и Ir из тонкой (15 *мкм*) танталовой фольги в зависимости от времени нагревания (1240 °C) в токе воздуха

Табл. 2. Процент выделения платиновых металлов и рения из облученных мишеней при нагревании в токе воздуха

Мишень	Температура, °C	Время нагревания *мин.*	% выделения Re	Os	Ir	Pt
W (200 *мкм*)	900	60	30,6	62,6	—	—
	1190	60	85,3	93,8	—	—
Ta (220 *мкм*)	1250	170	—		81	87
	1250	180	75	—	—	—
Ta (15 *мкм*)	1220	420	—	—	99,6	99,97

Табл. 3. Процент выделения изотопов из толстой (220 *мкм*) танталовой мишени при нагревании ее в токе воздуха при температуре 1250 °C

Изотоп	Энергия γ-квантов *кэВ*	Время от начала нагревания, *мин.* 15	30	50	90	170	Остаток после нагревания
^{120}Sb	89,8	56	44	—	—	—	—
^{82}Br	554,7	60	40	—	—	—	—
^{111}Ag	342,1	87	13	—	—	—	—
^{126}I	388,6	52	48	—	—	—	—
^{123m}Te	159,0	23	77	—	—	—	—
^{72}Zn	144,7	81	19	—	—	—	—
^{111}In	171,3	7	10	40	38	5	—
^{188}Pt	187,6	—	—	37	38	12	13
^{189}Ir	245,0	—	—	58	15	8	19*)
^{103}Ru	496,9	—	—	53	20	12	15*)
^{182}Ta	222,1	—	—	—	—	—	100
^{75}Nb	765,8	—	—	—	—	—	100

*) Процент элемента в остатке может быть завышен, а во фракциях возгонов соответственно занижен, т.к. возможно присутствие изотопов нелетучих элементов с той же энергией γ-излучения.

Если нагревать в токе воздуха толстую танталовую мишень значительно большей массы (0,5—1*Г*), то вначале выделение платиновых элементов, рения, технеция не происходит вовсе, так как концентрация свободного кислорода в выходящем газе чрезвычайно мала (рис. 3) (концентрация равновесная, обусловленная, по-видимому, примесями H_2O/H_2 или CO_2/CO в газе). В первые 30 *мин.* все элементы летучие в элементарном состоянии, возгоняются полностью (кроме индия, который может образовывать интерметаллические соединения с танталом [17]) (табл. 3). При этом во время окисления реальная температура на мишени может быть существенно выше 1250 °C. Изотопы платиновых элементов, а также ^{99}Mo—Tc начинают возгоняться только, когда кончается окисление тантала и концентрация кислорода в отходящем газе резко возрастает (рис. 3).

Таким образом, за счет самопроизвольного изменения состава газа достигается групповое разделение элементов. Коэффициент очистки летучих элементов от летучих окислов здесь очень высок.

Процентный выход платины и иридия из толстой фольги (220 *мкм*) составляет соответственно 87 и ≥81% за 3 часа нагревания, что существенно меньше, чем при возгонке из тонкой фольги (15 *мкм*).

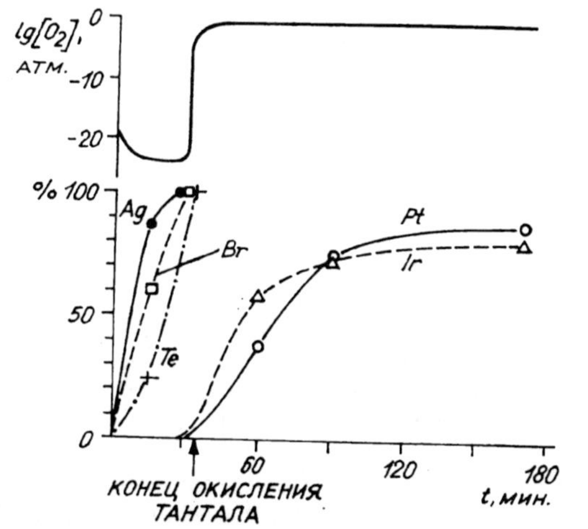

Рис. 3. Концентрация кислорода в газе на выходе из трубки и процент выделения элементов из толстой (220 *мкм*) танталовой фольги в зависимости от времени нагревания (1250 °C) в токе воздуха

Табл. 4. Выделение изотопов из тонкой танталовой мишени с использованием фильтра из золотой фольги

Изотоп	Энергия γ-квантов *кэВ*	Возгон на кварце	Золотая фольга (1000)	Остаток в Ta_2O_5
^{188}Pt	187,6	—	99,97	0,03
^{101m}Rh	306,8	—	81	19
^{188}Ir	155,0	98,1	1,0*)	0,4
^{189}Ir	245,0	100	—	—
^{97}Ru	215,7	100	—	—

*) Этот процент обусловлен распадом ^{188}Pt в ^{188}Ir

3.3. Разделение платины и иридия с помощью фильтра металлического золота.

При облучении тантала ионами ^{12}C одновременно образуются изотопы иридия и платины (табл. 1). Термохроматография этих элементов на кварцевых колонках не приводит к хорошему разделению: осаждение PtO_2, обусловленное, по-видимому, разложением этого окисла [18], происходит в той же температурной зоне, что и осаждение окислов IrO_2 или IrO_3 [6, 7].

Если же возогнанные элементы пропускать в токе воздуха через фильтр золота (табл. 4), то платина полностью поглощается золотом при 1000 °C, а иридий проходит через фильтр. Аналогично платине ведет себя родий, а аналогично иридию — рутений, если изотопы родия и рутения образовались в мишени. Коэффициент очистки платины и родия от иридия — более 60, иридия и рутения от платины — более 500.

Действие фильтра металлического золота можно объяснить усилением разложения PtO_2 за счет образования твердого раствора или интерметаллических соединений золота с платиной, которые известны для систем макрокомпонентов [17]. Иридий же образует более устойчивые окислы и, кроме того, растворяется в золоте гораздо хуже, чем платина.

Золотую фольгу, поглотившую изотоп ^{188}Pt, можно использовать в качестве генератора чистого изотопа ^{188}Ir. Для этого золото нагревали в токе воздуха при более высоких температурах. За 30 мин. нагревания при 1100 °C в токе воздуха выделялось 97% активности изотопа ^{188}Ir. Улетучивание материнского изотопа платины при этом, как и в работах [3, 20], не наблюдалось (<0,02%). Лишь при 1150 °C улетучивалось 0,025%, при 1200 °C—0,05%, а при 1250 °C—0,10% изотопа ^{188}Pt, что как минимум в 5—10 раз превосходит расчетное улетучивание самого золота*).

3.4. Разделение осмия и рения с помощью фильтров из окисей кальция и магния

Разделение осмия и рения, выделенных из облученного вольфрама (табл. 2) в токе воздуха возможно путем термохроматографии на кварце и керамике [19, 20, 6] за счет большей летучести четырехокиси осмия по сравнении с окислами рения. Однако в препаративных целях этот метод использовать не совсем удобно, из-за того, что осаждение микроколичеств рения и осмия на кварце сильно зависит от загрязнений в составе газа и характера поверхности колонки. Так, температура осаждения рения в присутствии небольших количеств воды [6, 21] или хлора [22] может понижаться до комнатной и даже ниже, а осмий иногда (в зависимости от обработки и природы поверхности) дает широкий термохроматографический пик, налагающийся на пик рения [21]. Лучшее разделение достигается по-видимому с использованием фильтра из K_2CrO_4 [20].

Методически еще более просто и надежно отделение осмия от рения осуществляется с помощью фильтров из окиси кальция или окиси магния.

В табл. 5 показан процент поглощения рения и осмия, проходивших в токе воздуха последовательно 1 см участки фильтра CaO при различных температурах. Известно, что рений образует устойчивые соединения $Ca(ReO_4)_2$, $Ca_5(ReO_6)_2$ и при 1000 °C Ca_3ReO_6 [23, 24], в то время как соединения осмия ($CaOsO_3$, Ca_2OsO_5) менее устойчивы и разлагаются при температурах ниже 1000 °C с образованием OsO_4 и частично Os [25]. Этим можно объяснить тот факт, что осмий в отличие от рения в основном проходит через фильтр окиси кальция. Таким образом, при температуре фильтра 950 до 1000 °C достигается полная очистка Os от Re (коэффициент очистки >500) с выходом осмия около 85%. Однако в этом случае коэффициент очистки Re от Os не высок.

Мы предположили, что более эффективным будет разделение осмия и рения с помощью фильтра из окиси магния в связи с тем, что осмий не образует соединений с окисью магния, аналогичных соединениям с окисью кальция [26], в то время как для рения известен, например, устойчивый препарат магния [24]. Наш эксперимент показал, что уже первый слой MgO(0,3 *см*) полностью поглощает весь возогнавшийся в токе воздуха рений при температуре около 930 °C. При этом даже доли процента Os не поглощались фильтром 3 *см* MgOпри 870 °C. Коэффиценты очистки Os от Re и Re от Os выше 1000. Re не десорбируется с фильтра в токе воздуха вплоть до 1150 °C (<0,2%). Но уже при 1250 °C возгонка рения происходит достаточно быстро (за 1 час нагревания на 66%), и рений может быть выделен из фильтра MgO.

Таким образом, фильтры из окиси кальция и, особенно, из окиси магния применимы для разделения осмия и рения. В то же время фильтр из окиси кальция, например, не обеспечивает хорошего разделения иридия и платины: и платина, и большая часть иридия поглощаются фильтром при 1200—1000 °C, по-видимому, вследствие образования при этих температурах двойных окислов с окисью кальция [27, 28].

4. Выводы

1. Быстрое и полное выделение платиновых элементов Re, Tc из металлических мишеней тантала, вольфрама,

*) Энергия активации испарения платины из жидкого золота, оцененная по этим данным, составляет 60 ± 3 *ккал/моль*

Табл. 5. Поглощение ^{183}Re и ^{185}Os фильтром из CaO

Температура участка фильтра °C	% поглощения Re		% поглощения Os		Коэффициент очистки Os от Re на участке фильтра
	на участке	сумма	на участке	сумма	
1120—1070	8,8	8,8	2,0	2,0	1,1
1070—1030	86,7	96,5	5,1	7,1	20
1030—1000	4,5	100,0	5,4	12,5	>500
1000— 970	—	100,0	1,5	14,0	>500
970— 950	—	100,0	1,6	15,6	>500

ниобия достигается при их нагревании в токе воздуха до температуры 1200—1250 °С.

2. При сжигании тантала в токе воздуха осуществимо эффективное разделение летучих элементов от летучих окислов за счет самопроизвольного изменения состава отходящих газов.

3. Отделение Ir и Ru от Pt и Rh достигается с помощью фильтра из металлического золота (1000 °С), поглощающего в токе воздуха Pt и Rh. Коэффициенты очистки — более 500.

4. Эффективную очистку Os от Re можно осуществить, используя фильтр окиси кальция, поглощающий Re при 1000 °С и ниже. Коэффициент очистки >500, выход Os — около 85%.

5. Полное разделение Os и Re достигается с помощью фильтра окиси магния (850—1150°). Коэффициенты очистки >1000, выходы — 100%. Re может быть возогнан с фильтра при температуре 1250 °С.

Автор благодарен член-корр. АН ЧССР *И. Зваре* и д-ру *Б. Айхлеру* за ценные замечания, а также *С. Тимохину* за помощь в экспериментах.

Поступила в редакцию 24/III, 1981 г.

Литература

[1] *В. А. Халкин, А. Ф. Новгородов, А. Колачковски*, Raport IFJ, 1073/с, Kracow 1979
[2] *Б. Баяр* и др., Радиохимия **16** (1974) 894
[3] *Б. Баяр* и др., Радиохимия **16** (1974) 329
[4] *Б. Баяр* и др., Радиохимия **16** (1974) **201**
[5] *B. Eichler*, Radiochem. Radioanal. Lett. 1975, 22, p. 147
[6] *B. Eichler, V. P. Domanov*, J. Radioanal. Che. 1975, 28, p. 143
[7] *В. П. Доманов, Б. Айхлер*, Авт. свид. СССР 580000 (1977). Бюлл. ОИПОТЗ с. 13
[8] *A. F. Novgorodov, H. G. Reinhard*, ZfK-294, Rossendorf, **1975**, 68
[9] *Y. Matsushita, K. Goto*, Thermodynamics **1966**, 111
[10] *V. B. Tare, H. Schmalzried*, Transactions Metallurg. Soc. Aime, **1966**, 444
[11] *Б. Баяр* и др., Радиохимия **16** (1974) 336
[12] *Я. Г. Горощенко*, Химия ниобия и тантала. „Наукова думка", Киев, 1965, с 175
[13] *И. С. Шаплыгин* и др., ЖНХ, **23** (1978) 1404
[14] Химия и технология редких и рассеянных элементов (часть 3). Ред. К. *А. Большакова* „Высшая школа", М. 1976
[15] *Г. А. Семенов, Е. Л. Шалкова*, Вестн. ЛГУ. Физика – химия, **3**, (1969), с. 111
[16] *И. С. Куликов*, Термическая диссоциация соединений. „Металлургия", М. 1969, с. 294
[17] *А. Е. Вол, И. К. Каган*, Строение и свойства двойных металлических систем (т. 3.). „Наука". М. 1976
[18] Аналитическая химия платиновых металлов. Ред. *А. И. Виноградова*. „Наука", М. 1972, с. 88, 97
[19] *М. Адилбиш* и др. Радиохимия **21**, (1978) 296
[20] *A. Steffen, K. Bächmann*, Talanta **25** (1978) 677
[21] *М. Адилбиш* и др. Радиожимия **20**, 1978, 761
[22] *J. Merinis, G. Bouissieres*, Anal. chim. acta **25** (1961) 498
[23] *R. Scholder, K. L. Huppert*, Z. anorg. allg. Chem. **334** (1965) 209
[24] *Л. В. Борисова, А. М. Ермаков*, Аналитическая химия рения, „Наука", М. 1974
[25] *В. Б. Лазарев, И. С. Шаплыгин*, ЖНХ **23**, (1978) 1744
[26] *И. С. Шаплыгин, В. Б. Лазарев*, ЖНХ **21**, (1976) 2326
[27] *M. Lugowska* et al., Przem. chem. **53** (1974) 44
[28] *C. L. Mc Daniel, S. J. Schneider*, J. Solid State Chem. **4** (1972) 275

Über die Abtrennung von Spaltprodukten aus den Abfällen der Kernbrennstoffwiederaufbereitung

B. Gorski

(Zentralinstitut für Isotopen- und Strahlenforschung der AdW der DDR)[1]

Herrn Prof. Dr. habil. *K. Fuchs* zum 70. Geburtstag gewidmet

Die Problematik der Abtrennung und Gewinnung von Spaltprodukten aus den Abfällen der Kernbrennstoffwiederaufbereitung ist als Teilaufgabe der Entwicklung der Kernenergie mit geschlossenem Kernbrennstoffzyklus zu betrachten. Ausgehend von in der Literatur vorgeschlagenen Extraktionsverfahren zur Spaltproduktgewinnung werden Ergebnisse der Extraktion von Palladium und Technetium mit phosphororganischen Verbindungen vorgestellt. Auf der Grundlage der Effektivität und Selektivität des Extraktionsprozesses werden Schlußfolgerungen über die Gewinnung beider Elemente aus Spaltproduktgemischen gezogen.

Keywords

nuclear fuels; organic phosphorus compounds; palladium; radioactive wastes; reprocessing; solvent extraction; technetium

1. Einleitung

Die weitere Entwicklung des Einsatzes der Kernenergie wird entscheidend mitbestimmt durch die Ergebnisse bei der Erarbeitung einer optimalen Technologie der Kernbrennstoffwiederaufbereitung, der Lösung der Probleme der Steuerung und Automatisierung dieses Prozesses und der Klärung von Fragen zur Behandlung der hochaktiven Abfälle.

Zur Vervollkommnung des Kernbrennstoffzyklus und zur Erhöhung seiner Effektivität ist eine komplexe Bearbeitung dieser Problemkreise erforderlich. Ein solches Herangehen muß die Schaffung von durchgängigen technologischen Schemata vorsehen, die sowohl die Uran- und Plutoniumrückgewinnung als auch die Gewinnung weiterer Produkte und wertvoller Rohstoffe wie Cäsium, Strontium, Promethium, Technetium, Ruthenium, Rhodium, Palladium, der Actiniden und der Edelgase sichern. Diese Komponenten können nutzbringend auf verschiedenen Gebieten der Volkswirtschaft eingesetzt werden und tragen damit dazu bei, die Ökonomie des Wiederaufbereitungsprozesses zu verbessern. Andererseits ist die Abtrennung und Gewinnung dieser Elemente untrennbar mit der Abfallbehandlung, der Vorbereitung der hochaktiven Produkte

[1]) 7050 Leipzig, Permoserstr. 15

zur Lagerung und der sicheren Langzeitendlagerung selbst verbunden.

Damit nehmen die Prozesse der Spaltprodukggewinnung eine Zwischenstellung ein, wodurch die Anforderungen an diese Verfahren besonders hoch sind.

Einerseits kommt der weitgehenden Einheitlichkeit der Technologien der Wiederaufbereitung und der Spaltprodukttrennung eine besondere Bedeutung zu; andererseits sollte die Abtrennung der Elemente oder ihrer Fraktionen aus der Originallösung möglich sein, wobei diese nicht oder nur wenig durch Zugabe von Chemikalien, wie Aussalzern, Komplexbildnern, Neutralisationsmitteln u. a., verändert werden darf.

2. Entwicklung von Verfahren zur Spaltprodukttrennung

Im Prinzip ist es möglich, sehr unterschiedliche Verfahren zur Abtrennung von Spaltprodukten und Actiniden einzusetzen. Für die Abtrennung einzelner Spaltprodukte wurden ebenfalls, wie allgemein in der Radiochemie und in der Kerntechnik, ursprünglich Fällungs- und Mitfällungsverfahren genutzt, die aber bald durch Extraktions- und chromatographische Verfahren ersetzt wurden.

Schon in den 50er Jahren wurde eine Reihe von Verfahren entwickelt, wie z. B. das auf reinen Fällungsreaktionen beruhende Oak-Ridge-Verfahren [1] zur Abtrennung von Cs, Sr, Ba, SE, Te, Ru oder das in der UdSSR von *Breshneva* [2] entwickelte Verfahren zur Gewinnung von Sr, Zr, Nb, Y, SE, Ru. Bei diesem Verfahren wurden Fällungsmethoden in Kombination mit Extraktionsschritten eingesetzt. Weiterhin kamen Ionenaustausch- bzw. chromatographische Verfahren zur Anwendung. Als Beispiele seien genannt: das Anionenaustauschverfahren zur Tc-Gewinnung, das in den USA geübte Decalso-Verfahren zur Cs-Gewinnung mit paralleler Sr- und Lanthanidenabtrennung und nachfolgender Pd- und Tc-Gewinnung durch Extraktionschromatographie bzw. Anionenaustausch [3, 4] oder das *Moore*sche Verfahren zur Abtrennung von Tc, Pd, Rh, Ru an mit Komplexbildner beladener Aktivkohle [5].

Die Extraktion ist gegenwärtig die am weitesten entwickelte Methode in der Kerntechnik. Die Arbeiten zur Wiederaufbereitung von bestrahltem Kernbrennstoff haben wichtige Impulse für die allgemeine Entwicklung der Metallextraktion, aber auch für die Entwicklung von Extraktoren gegeben. Andererseits hat die Entwicklung der chemischen Grundlagen der Extraktion und ihrer technologischen Realisierung in den letzten Jahrzehnten wesentlich dazu beigetragen, daß die extraktive Wiederaufbereitung von Kernbrennstoffen heute das einzige Verfahren ist, dessen Realisierung im großtechnischen Maßstab erfolgt und das auch bei allen weiteren geplanten Anlagen angewendet werden soll.

Die Erfahrungen, die mit Extraktionsprozessen bei der Wiederaufbereitung gewonnen wurden, führten natürlich dazu, daß derartige Verfahren bei der Spaltproduktabtrennung ebenfalls eine hervorragende Stellung einnehmen. Die Extraktion kann bei Mehrstufenfahrweise quantitative Ausbeuten mit hohen Reinheitsgraden liefern. Für die verschiedensten Spaltelemente wurden zahlreiche Extraktionssysteme untersucht und eine Reihe von Trennverfahren, insbesondere für die Seltenen Erden (SE) und Transplutoniumelemente (TPE), vorgeschlagen. Als Beispiele seien genannt: das CSREX-Verfahren [6] zur Cs-, Sr-, SE-Abtrennung durch Extraktion mit 4-*sec*-Butyl-2-(α-methylbenzyl)-phenol (BAMBP) und Di-2-äthylhexylphosphorsäure (HDEHP), der *Tal*speakprozeß [7], das sowjetische Verfahren nach *Schewtschenko* [8] zur Sr-, SE-, Aktiniden-Extraktion mit HDEHP sowie das Verfahren nach *J. O. Liljenzin* u. a. [9] zur Ru-, Pd-, Tc-Extraktion mit TBP und anschließender Actiniden-Lanthanidenextraktion mit HDEHP.

In den letzten Jahren sind in verschiedenen RGW-Ländern eine Reihe von Möglichkeiten untersucht worden mit dem Ziel der Entwicklung von Verfahren zur Abtrennung und Gewinnung der Actiniden, der Seltenen Erden, von Cs, Sr, Tc und der Edelmetalle [10].

3. Bei der Spaltproduktextraktion eingesetzte Extraktionsmittel

Ketone

Ketone stellten die ersten in der Kerntechnik verwendeten Extraktionsmittel dar. Das in der Wiederaufbereitung bekannte Hexonverfahren beruhte auf der Extraktion von U und Pu mit Methylisobutylketon. Methylisobutylketon kann auch zur Abtrennung von Tc und Acetylaceton zur Pd-Abtrennung verwendet werden. Allerdings besitzen die Ketone auf Grund ihrer geringen Stabilität gegenüber Salpetersäure große Nachteile und sind für einen technischen Prozeß wenig geeignet.

Organische Phosphorverbindungen

Zu diesen Extraktionsmitteln gehören die neutralen phosphororganischen Verbindungen und die Alkylderivate der Säuren. Sie bilden die in der Kerntechnik am häufigsten genutzten Extraktionsmittel. Die neutralen phosphororganischen Verbindungen (Phosphate, Phosphonate, Phosphinate, Phosphinoxide) bilden bei der Extraktion über ihre polare Phosphorylgruppe stöchiometrische Komplexverbindungen mit den Metallsalzen, wobei die Extraktionseigenschaften in der Reihe Phosphate — Phosphinoxide zunehmen. Alkylderivate der Phosphorsäure, wie HDEHP, stellen flüssige Kationenaustauscher dar.

Diese Verbindungen zeigen einzeln oder in Kombination außerordentlich gute Extraktionseigenschaften und wirken unter bestimmten Bedingungen selektiv für einzelne Spaltelemente. Besonders hervorzuheben ist ihre Stabilität gegenüber Salpetersäure.

Amine

Amine lagern nach unterschiedlichen Mechanismen Metallsalze an, die damit in organische Lösungsmittel überführt werden können. Für die Kerntechnik spielen Amine eine besondere Rolle wegen ihrer hohen Strahlenresistenz. Am häufigsten werden tertiäre Amine mittlerer Kettenlänge oder quarternäre Ammoniumsalze verwendet.

Weitere Extraktionsmittel

Eine Reihe verschiedener Verbindungen spielt vor allem für die Extraktion von Alkali- und Erdalkalimetallen (Cs, Sr) eine gewisse Rolle. Zu ihnen gehören substituierte Phenole, wie das schon erwähnte BAMBP, Karbonsäuren zur Extraktion von Sr, aber auch Polyäthylenglykole und Kronenäther bilden mit Alkali- und Erdalkalikationen Komplexe, die außerordentlich selektiv sein können und leicht in organische Lösungsmittel zu überführen sind.

Auch schwefelhaltige organische Verbindungen, wie Sulfide und Sulfoxide, erscheinen für die Spaltprodukt-extraktion (Edelmetalle) einsetzbar.

4. Extraktion von Technetium und Palladium mit neutralen phosphororganischen Verbindungen

Die neutralen phosphororganischen Verbindungen bilden die in der Kerntechnik am häufigsten genutzten Extraktionsmittel. Die Anwendung von Tributylphosphat im Purexprozeß bedingt Bestrebungen für den Einsatz dieses Extraktionsmittels auch in den Folgeprozessen der Aufarbeitung der hochaktiven Abfallösung, d. h. zur Uran-Plutonium-Nachabtrennung und zur Gewinnung der Transplutoniumelemente [11]. Es ist bekannt, daß Technetium und Palladium ebenfalls mit Tributylphosphat extrahiert werden können [9, 12]. Im Rahmen der Erarbeitung von Verfahren zur Technetium- und Palladiumabtrennung ist somit die Untersuchung ihres Extraktionsverhaltens aus salpetersauren Lösungen mit neutralen phosphororganischen Verbindungen von Interesse.

In der vorliegenden Arbeit wurde die Extraktion von Technetium, Palladium und anderer Spaltprodukte mit Hilfe von Tributylphosphat (TBP) und Trioktylphosphinoxid (TOPO) in verschiedenen Lösungsmitteln untersucht.

Experimentelles

Die verwendeten Extraktionsmittel TBP (p. a.) und TOPO (p. a.) waren Reagenzien der Firma Merck (BRD). Die Lösungsmittel, wie Tetrachlorkohlenstoff p.a. und Hexan p.a., aber auch das technische Produkt Parex-Paraffin (d = 0,745 g/ml, Siedebereich 185 – 225 °C) wurden direkt ohne zusätzliche Behandlung eingesetzt.

Für die Untersuchungen zur Extraktion von Technetium wurden $H^{99}TcO_4/HNO_3$-Lösungen verwendet mit ^{99}Tc vom Radiochemical Centre Amersham, außerdem erfolgte die Markierung mit ^{99m}Tc unter Nutzung eines $^{99}Mo/^{99m}Tc$-Isotopengenerators des ZfK Rossendorf. Die Palladiumnitratlösungen erhält man durch Ausfällen von Palladiumhydroxid aus mit ^{103}Pd markierten Palladiumchloridlösungen. Der Niederschlag wird durch intensives Waschen weitgehend von Chloridionen befreit und das Palladiumhydroxid in Salpetersäure bzw. direkt in Modellpurexlösungen gelöst. Bei der Bestimmung der Palladiumverteilung im Extraktionsprozeß ist beim Einsatz des Radionuklids ^{103}Pd die Einhaltung des radioaktiven Gleichgewichts $^{103}Pd/^{103m}Rh$ zu beachten. Neben der radiometrischen Messung wurde eine spektralphotometrische Methode zur Palladiumbestimmung mit Bismuthiol I [13] eingesetzt.

Der Herstellung der Modellpurexlösung liegen berechnete Spaltproduktausbeuten bei 35000 MWd/t Abbrand zugrunde. Die in Tab. 1 angegebenen Mengen der Metallnitrate wurden einer Lösung von $ZrO(NO_3)_2 \cdot 2\,H_2O$ und $Na_2MoO_4 \cdot 2\,H_2O$ in ca. 5 N Salpetersäure nacheinander zugesetzt. Rhodiumchlorid wurde wie Palladium behandelt und als Hydroxid in der Modellösung gelöst. Nachdem die Säurekonzentration auf 3 mol/l eingestellt war, wurde die Lösung 5 h am Rückfluß zum Sieden erhitzt, der entstehende Niederschlag, der einen Teil des zugegebenen Zr und Mo enthält, wurde abfiltriert.

Für eine Reihe der Versuche mit Modellösung (Tab. 4, 5) wurde eine zehnfach verdünnte Lösung hergestellt, diese

Tab. 1. Zusammensetzung einer Modellpurexlösung

Element	mM	Element	mM
Rb	12,2	La	28,5
Sr	28,4	Ce	240,0
Zr	110,0	U	2,1
Mo	92,0	Fe	50,0
Tc	27,4	Cr	11,6
Rh	8,0	Ni	4,1
Pd	35,0	Al	1,0
Cs	58,2	NO_3^-	$2{,}05 \cdot 10^3$
Ba	41,0	HNO_3	$3{,}1 \cdot 10^3$

auf ein Zehntel ihres Volumens eingeengt und die dabei entstehende Salpetersäuremenge von ca. 11 mol/l mit konz. NaOH-Lösung auf 1 – 2 mol/l neutralisiert. Diese Lösung hat einen Nitratgehalt von ca. 5 mol/l.

Ergebnisse und Diskussion

Die Extraktion von Palladium und Technetium aus salpetersauren Lösungen in Abhängigkeit von der Konzentration des Extraktionsmittels, der Art des Verdünners, der Konzentration der Säure, des Aussalzers und des zu

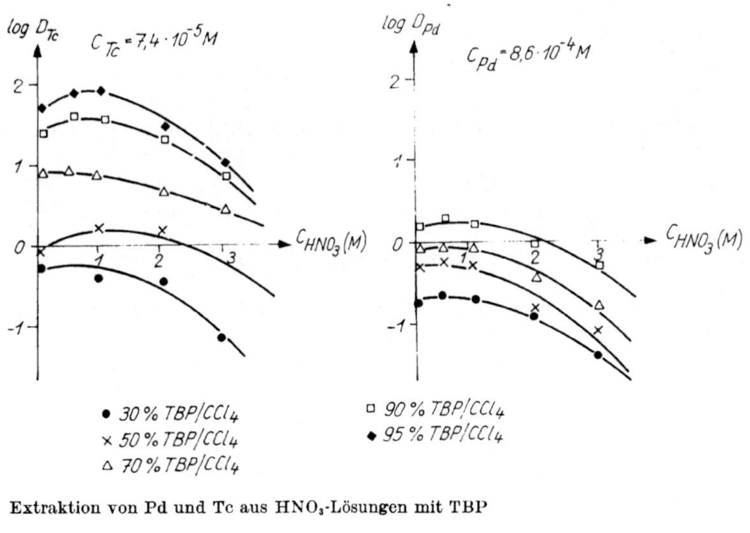

Abb. 1. Extraktion von Pd und Tc aus HNO_3-Lösungen mit TBP

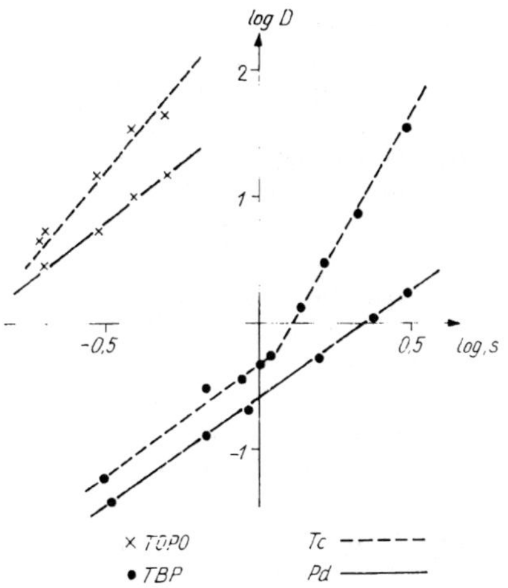

Abb. 2. Abhängigkeit der Verteilungskoeffizienten der Tc- und Pd-Extraktion von der Konzentration des Extraktionsmittels in CCl_4

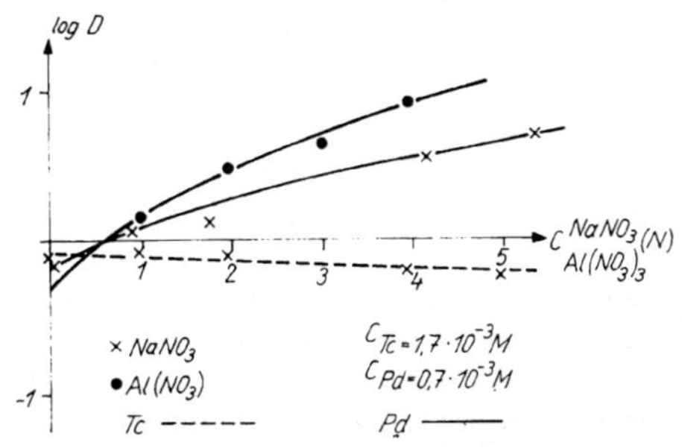

Abb. 3. Extraktion von Pd und Tc mit 50% TBP unter Aussalzbedingungen aus 0,2 N HNO_3

extrahierenden Elementes wurde untersucht. Weiterhin wurden Untersuchungen zur Selektivität aus Modellpurexlösungen durchgeführt.

Die erhaltenen Ergebnisse der Extraktion mit TBP sind aus den Abb. 1–3 ersichtlich. Die Extraktion von Palladium und Technetium hängt nicht wesentlich vom verwendeten Verdünner ab, so daß die mit leichten Verdünnern, wie mit Hexan und Parex-Paraffin, erhaltenen Ergebnisse mit denen von CCl_4 vergleichbar sind.

Später soll vorrangig der leichte Verdünner Parex-Paraffin eingesetzt werden, da bei der Extraktion mit TBP in CCl_4 aus Lösungen mit höherer Salzkonzentration hydrodynamische Schwierigkeiten auftreten.

Aus den erhaltenen Ergebnissen (Abb. 1) ist ersichtlich, daß die Verteilungskoeffizienten mit zunehmender Säurekonzentration abnehmen auf Grund der Abnahme der freien TBP-Konzentration. Ein Aussalzeffekt der Salpetersäure für die Pd-Extraktion kann auch bei Erhöhung der Säurekonzentration bis zu 12 mol/l nicht festgestellt werden.

Auf der Grundlage der erhaltenen Ergebnisse lassen sich Schlußfolgerungen über den Extraktionsmechanismus ziehen. Technetium wird im siebenwertigen Zustand als Solvat der allgemeinen Zusammensetzung $HTcO_4(H_2O)_m(TBP)_n$ extrahiert [14].

Ausgehend von der Reaktion

$$H^+ + TcO_4^- + m\,H_2O + n\,TBP_{org.} \rightleftharpoons HTcO_4(H_2O)_m(TBP)_{n\,org.}$$

mit der Gleichgewichtskonstante

$$K = \frac{[HTcO_4(H_2O)_m(TBP)_n]_{org.}}{[H^+]\,[TcO_4^-]\,[TBP]^n_{org.}\,[H_2O]^m}$$

bzw.

$$K = \frac{D}{[TBP]^n_{org.}\,[H^+]\,[H_2O]^m}$$

(D-Verteilungskoeffizient), kann aus den Versuchsdaten (Abb. 2) abgeleitet werden, daß Technetium in Abhängigkeit von der freien TBP-Konzentration in Form der Solvate $HTcO_4 \cdot 2\,TBP$, $HTcO_4 \cdot 3\,TBP$, $HTcO_4 \cdot 4\,TBP$ extrahiert wird, wobei auch höhere Solvate bei TBP-Konzentrationen > 3 M nicht ausgeschlossen sind. Für Pd erhält man ein einfacheres Bild. Aus den Daten der Abb. 2 bei der Reaktion

$$Pd^{2+} + 2\,NO_3^- + n\,TBP_{org.} \rightleftharpoons Pd(NO_3)_2 \cdot n\,TBP_{org.}$$

läßt sich schlußfolgern, daß Pd im gesamten untersuchtenten Konzentrationsbereich ($[H^+]$, [TBP]) als Disolvat $Pd(NO_3)_2 \cdot 2\,TBP$ extrahiert wird.

Tab. 2. Extraktionsisothermen der Tc- und Pd-Extraktion mit 70% TBP/Hexan bei 0,5 M HNO_3

	C_A M	$C_{wäßr.}$ M	$C_{org.}$ M	D
Pd	$2,4 \cdot 10^{-5}$	$1,04 \cdot 10^{-5}$	$1,36 \cdot 10^{-5}$	1,31
	$1,8 \cdot 10^{-4}$	$0,73 \cdot 10^{-4}$	$1,07 \cdot 10^{-4}$	1,46
	$3,8 \cdot 10^{-3}$	$1,68 \cdot 10^{-3}$	$2,12 \cdot 10^{-3}$	1,26
	$1,2 \cdot 10^{-2}$	$0,44 \cdot 10^{-2}$	$0,76 \cdot 10^{-2}$	1,73
Tc	$1,0 \cdot 10^{-4}$	$1,01 \cdot 10^{-5}$	$8,99 \cdot 10^{-5}$	8,90
	$1,0 \cdot 10^{-3}$	$1,08 \cdot 10^{-4}$	$8,92 \cdot 10^{-4}$	8,26
	$5,0 \cdot 10^{-3}$	$0,55 \cdot 10^{-3}$	$4,45 \cdot 10^{-3}$	8,09
	$1,0 \cdot 10^{-2}$	$1,15 \cdot 10^{-3}$	$8,85 \cdot 10^{-3}$	7,70
	$2,5 \cdot 10^{-2}$	$0,31 \cdot 10^{-2}$	$2,19 \cdot 10^{-2}$	7,06

Tab. 3. Extraktion von Tc und Pd bei konstanter Ionenstärke ($\mu = 3,1$) der Ausgangslösung ($C_{Tc} = 5,8 \cdot 10^{-4}$ mol/l, $C_{Pd} = 1,3 \cdot 10^{-4}$ mol/l)

C_{HNO_3} M	C_{NaNO_3} M	[TBP] M	D_{Tc}	D_{Pd}	D_{HNO_3}
0,14	2,9	1,81	0,5	4,6	3,5
0,32	2,7	1,80	0,7	3,4	1,7
0,55	2,5	1,74	1,0	3,2	1,3
1,10	2,0	1,60	1,0	1,4	0,8
2,06	1,0	1,35	0,9	0,6	0,6
3,07	0	1,14	0,8	0,3	0,3

Weiterhin folgt aus den Extraktionsisothermen (Tab. 2), daß die Verteilungskoeffizienten für Tc und Pd in breiten Konzentrationsbereichen der Metalle praktisch konstant bleiben, d. h., bis zu der hier untersuchten Konzentration von 3 g/l wird für Tc und Pd keine Sättigung des Extraktionsmittels erreicht. In der Literatur gibt es Hinweise für ein solches Verhalten des Pd bis zu Konzentrationen von 17 g/l [15].

Der angegebene Extraktionsmechanismus wird auch durch den gefundenen Einfluß von Aussalzern auf die Pd- und Tc-Extraktion bestätigt. Während die Effektivität der Tc-Extraktion praktisch nicht von der Salzkonzentration abhängt, wird die Pd-Extraktion in Gegenwart von $NaNO_3$ und $Al(NO_3)_3$ stark erhöht (Tab. 3, Abb. 3). Die Untersuchung der Extraktion von Tc und Pd mit TOPO zeigt folgende Ergebnisse (Abb. 2, 4):

– Der Charakter der Abhängigkeiten der Verteilungskoeffizienten vom Säuregrad der Lösung entspricht dem der Extraktion mit TBP;
– Palladium wird auch mit TOPO als Disolvat extrahiert;
– Für Technetium ergibt sich eine Zusammensetzung der extrahierten Form von $HTcO_4 \cdot 3$ TOPO;
– Die Effektivität der Pd- und Tc-Extraktion nimmt von TBP zum TOPO zu.

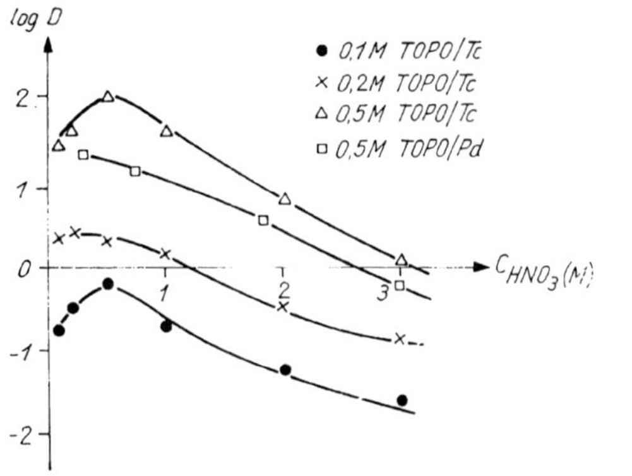

Abb. 4. Abhängigkeit der Verteilungskoeffizienten für Tc und Pd im System TOPO/CCl_4 – Salpetersäure ($C_{Pd,\,Tc} = 3 \cdot 10^{-3}$ M)

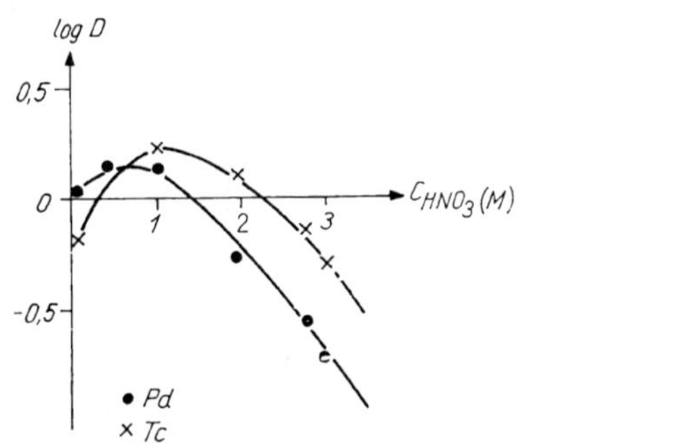

Abb. 5. Extraktion von Tc und Pd im System 50% TBP/Hexan – Modellösung (Tab. 1)

Im weiteren wurde das Extraktionsverhalten von Tc und Pd aus Modellösungen untersucht.

Es zeigt sich (Abb. 5), daß beim Einsatz von 50% TBP-Lösung und verminderter Säurekonzentration ($C_{HNO_3} \leqq 2$ M) sowohl Tc als auch Pd mit ausreichenden Verteilungskoeffizienten extrahiert werden können, d. h., beide Elemente können durch mehrstufige Extraktion quantitativ abgetrennt werden. Mit Erhöhung der Salzkonzentration der Modellösung nimmt die Effektivität der Pd-Extraktion stark zu. Zur Untersuchung der Selektivität der Tc- und Pd-Abtrennung erfolgte die Markierung der Modellösung mit ^{89}Sr, ^{95}Zr/Nb, ^{134}Cs, ^{144}Ce, ^{140}Ba/La, ^{106}Ru, ^{99}Mo. Die bei der Extraktion mit 50% TBP- und 0,2 M TOPO-Lösung erhaltenen Ergebnisse sind in Tab. 4 und 5 zusammengestellt. γ-spektrometrisch wurde nachgewiesen, daß es sich bei den in Spalte 7 angedeuteten extrahierten Verunreinigungen neben Ru um Ce und Zr/Nb handelt. Eine weitere Reinigung der Pd-Tc-Fraktion von diesen Spaltprodukten ist durch Waschen mit verdünnter Salpetersäure möglich. Die erhaltenen Werte zeigen, daß bei bestimmten Bedingungen $1 \leqq C_{HNO_3} \leqq 2$ M) die Abtrennung eines Palladium-Technetium-Konzentrates und dessen Reinigung von anderen Spaltprodukten der Purexabfallösung durch Extraktion mit TBP oder TOPO möglich ist, wobei der Einsatz von TOPO im Vergleich zum TBP günstigere Ergebnisse liefert.

Tab. 4. Extraktion der Spaltprodukte aus konzentrierter Modellösung mit 50% TBP/Parex-Paraffin

C_{HNO_3} M	$[HNO_3]_{wäßr.}$ M	$C_{NO_3^-}$ M	C_{Pd} mM	D_{Tc}	D_{Pd}	D_{SP}	D_{Ru}
1,98	1,1	5,07	21,8	1,10	0,58	0,2	0,13
1,45	0,6	5,33	20,7	1,17	2,98	0,3	0,25
1,01	0,4	5,50	19,9	1,52	3,92	0,4	0,32

5. Schlußbetrachtungen

Mit der Entwicklung eines Verfahrens zur Pd-Tc-Gewinnung auf der Basis der Extraktion mit phosphororganischen Verbindungen, insbesondere mit TBP, wäre eine nahezu optimale Variante der Gestaltung des 4. Zyklus des Purexprozesses in Übereinstimmung mit der Grundtechnologie der Wiederaufbereitung gegeben. Das bedeutet, daß das hochaktive Raffinat des 1. Purexzyklus nach seiner Aufkonzentrierung und teilweisen Neutralisation der vollständigen Rückgewinnung des spaltbaren Materials, d. h. der U-Pu-Nachextraktion, zugeführt werden kann. Nachfolgend ist es möglich, bei weiterer Neutralisation bis zu einer Salpetersäurekonzentration von 1–2 mol/l Technetium und Palladium mit TBP zu extrahieren. Anschließend könnten entsprechend [16] die Actinide und Lanthanide gewonnen werden. Diese Technologie ist besonders günstig, wenn die Aufkonzentrierung des Purexraffinates unter Säurerückgewinnung erfolgt, da dann die Salzkonzentration auch nach teilweiser Neutralisation des Konzentrats wesentlich geringer ist als in Tab. 4 und 5 angegeben wird. Damit erhöht sich die Selektivität der Pd- und Tc-Extraktion gegenüber den SE und TPE, da für deren effektive Extraktion höhere Aussalzerkonzentrationen erforderlich sind.

Eine weitere technologische Variante der Palladium- und Technetiumgewinnung mittels Extraktion besteht im Einsatz von tertiären Aminen [17]. Dabei können folgende günstige Bedingungen gewährleistet werden:

– Palladium und Technetium können mit Tri-n-oktylamin (TOA) gemeinsam aus dem salpetersauren Raffinat des Purexprozesses bzw. der U-Pu-Nach-

Tab. 5. Extraktion der Spaltprodukte aus konzentrierter Modellösung mit 0,2 M TOPO/Parex-Paraffin

C_{HNO_3} M	$[HNO_3]_{wäßr.}$ M	C_{NO_3} M	C_{Pd} mM	D_{Tc}	D_{Pd}	D_{SP}	D_{Ru}	D_{Eu}
1,98	1,92	5,07	21,8	1,0	1,4	0,005	0,1	0,04
1,45	1,34	5,33	20,7	1,1	1,8	0,025	0,1	0,15
1,01	1,00	5,50	19,9	1,3	2,0	0,035	0,1	0,18

extraktion ohne Veränderung der Zusammensetzung dieser Lösungen abgetrennt werden.

- In einer Stufe werden beim Einsatz von 0,5 M TOA/CCl_4 ca. 99% Tc und ca. 92% Pd mit hoher Selektivität extrahiert.
- Die Trennung des Palladiums vom Technetium ist durch selektive Reextraktion möglich.
- Das Verfahren läßt sich als kontinuierlicher technologischer Prozeß gestalten.
- Amine zeichnen sich durch hohe Strahlenbeständigkeit aus.

Beide Varianten der Technetium-Palladium-Gewinnung lassen sich im Sinne einer komplexen Technologie durch vorangehende selektive Cäsiumabtrennung [18] ergänzen, die aus dem Raffinat des 1. Purexzyklus ebenfalls ohne nennenswerte Veränderung der Lösung möglich ist. Damit kann ^{137}Cs als Strahlenquelle gewonnen und die Radioaktivität der Abfallösung wesentlich vermindert werden.

Im weiteren erscheint es erforderlich, die Einordnung der einzelnen Prozeßstufen, insbesondere die der Actinidenabtrennung, zu präzisieren. In diesem Zusammenhang sind Verfahren, die für einzelne Elemente oder Elementgruppen in breiten Einsatzgrenzen selektiv sind, besonders interessant. Die Suche nach weiteren selektiven Reagenzien ist somit unter Berücksichtigung der chemischen und strahlenchemischen Stabilität, der Ökonomie und Effektivität ihres Einsatzes für die hier untersuchten, aber auch für weitere Spaltprodukte fortzusetzen.

Eingegangen am 6. 5. 1981

Literatur

[1] NNES, Mc-Graw-Hill, New York 1951

[2] *N. E. Breshneva* u. a., Proc. Conf. peaceful Uses atom. Energy, Geneva (1958) 18, 219

[3] *E. J. Wheelwright*, BNWL-SA-1945 (1968)

[4] *F. P. Roberts, F. M. Smith, E. J. Wheelwrihgt*, HW-73121 (1962)

[5] *R. H. Moore*, US-Patent 3848048 (1974)

[6] *L. A. Bray*, HW-SA-2982 (1963)

[7] *W. D. Bond*, Nucl. Technol. **24** (1974) 362

[8] *W. B. Schercenko, W. S. Smelov, A. G. Koslov, E. J. Smetanin, W. W. Chubukov, W. I. Anissimov*, Radiochimija **18** (1976) 784

[9] *I. Svantesson, I. Hagström, G. Persson, J. O. Liljenzin*, J. inorg. nucl. Chem. **41** (1979) 383

[10] *B. Ja. Galkin, V. M. Dubrovskiji, V. I. Semljanuchin* u. a., V. RGW Symposium, Untersuchungen auf dem Gebiet der Wiederaufbereitung von Kernbrennstoff, ČSSR, 1981

[11] *J. M. McKibben, H. P. Holcomb, D. A. Orth, W. E. Prout, W. C. Scotten*, Savannah River DP-1361 (1974)

[12] *V. I. Spitzin, A. F. Kusina* u. a., DAN, UdSSR **144**, 5 (1962) 1066

[13] *N. Gorski*, IX. Radiochemische Konferenz, Pieštany, ČSSR, 1978

[14] *F. Macašek* u. a., IV. RGW-Symposium, Untersuchungen auf dem Gebiet der Wiederaufbereitung von Kernbrennstoff, ČSSR, 1977

[15] *K. P. Lunitschkina, E. V. Renard* u. a., J. anorg. Chem. (UdSSR) XIX (1977) 205

[16] *L. N. Lasarev, R. I. Ljubzev, B. Ja. Galkin* u. a., V. RGW-Symposium, Untersuchungen auf dem Gebiet der Wiederaufbereitung von Kernbrennstoff, ČSSR, 1981

[17] *B. Gorski, M. Richter, M. Hennrich*, DDR-Patent WP C 01 G/215 452

[18] *M. Süß, G. Pfrepper*, V. RGW-Symposium, Untersuchungen auf dem Gebiet der Wiederaufbereitung von Kernbrennstoff, ČSSR, 1981

Zur Krümmungsabhängigkeit der Oberflächenspannung der Kernmaterie

N. Gorski

(Zentralinstitut für Isotopen- und Strahlenforschung der AdW der DDR)[1]

Herrn Prof. Dr. habil. *K. Fuchs* zum 70. Geburtstag gewidmet

Es wurde gezeigt, daß die Krümmungsabhängigkeit der Oberflächenspannung der Kernmaterie der der normalen Flüssigkeiten entspricht. Quantitativ läßt sich diese Abhängigkeit mit der modifizierten Tolmanschen Gleichung beschreiben. Die Oberflächenspannung der flachen Oberfläche der Kernmaterie beträgt 2,4 · 10^{17} Nm^{-1}. Der δ-Parameter wurde seinem physikalischen Sinn nach als Halbwertsbreite der Kernrandzone gedeutet.

Keywords

liquid drop model; nuclear matter; nuclear radii; surface tension

Die Frage nach der Abhängigkeit der Kerneigenschaften von der Krümmung des Kerns wurde, wie es scheint, in der Literatur noch nicht gestellt. Andererseits lassen es aber solche Kernparameter wie die konstante Dichte und die näherungsweise konstante Bindungsenergie pro Nukleon zu, die Kernmaterie als eine Art Flüssigkeit aufzufassen (Tröpfchenmodell). Diese flüssigkeitsähnliche Natur der Kernmaterie, die durch kurzreichweitige schnellabsättigende Kernkräfte zustande kommt, gibt Anlaß zu der Annahme, daß, wie bei normalen Flüssigkeiten, auch die Eigenschaften der Kernmaterie vom Krümmungsradius (Kernradius) abhängen. Wie bekannt ist, hängen vom Radius des Tropfens bei Flüssigkeiten nicht nur die Oberflächeneigenschaften wie z. B. die Oberflächenspannung, sondern auch die Temperatur, der Druck und die Zusammensetzung der im Gleichgewicht stehenden Phasen stark ab. Die zur Zeit vorhandenen Kenntnisse bezüglich der Kerneigenschaften gestatten es schon jetzt, auch im Bereich der Kernmaterie der Abhängigkeit ihrer Eigenschaften vom Krümmungsradius nachzugehen.

Mit diesem Ziel untersuchten wir den Verlauf der Oberflächenspannung der Kerne in Abhängigkeit von der Größe ihrer Radien. In Tab. 1 sind die experimentellen mittleren Äquivalentradien r [1], die Oberflächenenergien E_σ und die Oberflächenspannungen $\sigma = E_\sigma/4\pi r^2$ der Kerne zusammengestellt. Die Kerne wurden als kugelsymmetrisch angesehen. Die Bestimmung der Oberflächenenergie er-

[1]) 7050 Leipzig, Permoserstr. 15

Tab. 1. Mittlere Radien r, Oberflächenenergien E_σ und Oberflächenspannungen σ der Kerne

N/N	Nuklid	$r \cdot 10^{15}$ m	$E_\sigma \cdot 10^{11}$ J	$\sigma \cdot 10^{-17}$ $N \cdot m^{-1}$	$\sigma^{-1/2} \cdot 10^9$ $N^{-1/2} \cdot m^{1/2}$
1	^{9}Be	3,12	1,23	1,01	3,15
2	^{10}B	3,16	1,32	1,05	3,08
3	^{11}B	3,12	1,41	1,15	2,95
4	^{12}C	3,17	1,49	1,18	2,91
5	^{14}N	3,18	1,65	1,30	2,77
6	^{16}O	3,52	1,81	1,16	2,94
7	^{18}O	3,58	1,96	1,22	2,86
8	^{24}Mg	3,80	2,37	1,30	2,77
9	^{27}Al	3,80	2,56	1,41	2,67
10	^{28}Si	3,92	2,62	1,36	2,71
11	^{31}P	3,96	2,81	1,43	2,64
12	^{32}S	4,15	2,87	1,33	2,75
13	^{40}Ca	4,51	3,33	1,30	2,77
14	^{42}Ca	4,56	3,44	1,32	2,75
15	^{44}Ca	4,55	3,55	1,36	2,71
16	^{48}Ca	4,51	3,76	1,47	2,60
17	^{46}Ti	4,61	3,66	1,37	2,70
18	^{48}Ti	4,65	3,76	1,38	2,69
19	^{50}Ti	4,61	3,86	1,45	2,63
20	^{53}V	4,63	4,02	1,49	2,59
21	^{52}Cr	4,72	3,97	1,42	2,66
22	^{54}Fe	4,80	4,07	1,40	2,67
23	^{56}Fe	4,88	4,17	1,39	2,68
24	^{59}Co	4,99	4,32	1,38	2,70
25	^{58}Ni	4,96	4,27	1,38	2,70
26	^{60}Ni	4,94	4,36	1,42	2,65
27	^{88}Sr	5,30	5,63	1,60	2,50
28	^{115}In	5,80	6,73	1,59	2,51
29	^{116}Sn	5,84	6,77	1,58	2,52
30	^{120}Sn	5,94	6,93	1,56	2,53
31	^{124}Sn	5,98	7,08	1,58	2,52
32	^{122}Sb	6,00	7,58	1,55	2,54
33	^{197}Au	6,84	9,64	1,64	2,47
34	^{208}Pb	7,04	10,00	1,60	2,50
35	^{209}Bi	6,95	10,03	1,65	2,46

folgte an Hand des zweiten Gliedes der *Bethe-Weizsäcker*schen Massenformel mit $\beta = 17{,}8$ MeV.

$$E_\sigma = \beta A^{2/3} \tag{1}$$

A ist die Masse des Kerns.

Die Genauigkeit, die diese Beziehung gewährleistet, ist besonders für Kerne mit $A > 30$ in Anbetracht des hier gestellten Ziels der Ermittlung des mittleren Verhaltens von Kernen in bezug auf ihre Oberflächenspannungen ausreichend. Die verwendeten Kernradien erhielt man durch Mittelung der experimentellen Angaben. In Abb. 1 sind die erhaltenen Oberflächenspannungen der Kerne in Abhängigkeit von der Größe der Kernradien dargestellt. Trotz der vorhandenen Streubreite insbesondere für die leichten Kerne, für die die Gleichung (1) etwas ungenau ist, tritt die Tendenz der Zunahme der Oberflächenspannung mit steigendem Kernradius unverkennbar hervor. Damit verhält sich die Kernmaterie genau wie klassische Flüssigkeiten.

Die Frage nach der Krümmungsabhängigkeit der Oberflächenspannung nimmt eine zentrale Stelle in der Theorie der gekrümmten Flächen ein. Dieses Problem wurde in zahlreichen Arbeiten behandelt. Eine vorherrschende Rolle spielen dabei theoretische Untersuchungen, da die experimentellen Möglichkeiten der Messung der Oberflächenspannung an hochdispersiven Systemen im Bereich $10^{-7}\,\mathrm{m} > r > 10^{-9}$ m außerordentlich begrenzt sind. Lange Zeit existierten in der Literatur unter anderem auch aus diesem Grund kontroverse Ansichten bezüglich der Krümmungsabhängigkeit der Oberflächenspannung. Nach *Gibbs* [2] sollten sich z. B. die Oberflächenspannung und der Krümmungsradius in gleicher Richtung ändern. *Bakker* [3] kam dagegen zu dem Schluß, daß beide Parameter unabhängig voneinander sind. Nach *J. J.* und *G. P. Thomson* [4] muß die Oberflächenspannung in Abhängigkeit vom Krümmungsradius sogar ein Minimum durchlaufen. Erst die fundamentale Arbeit von *Tolman* [5] brachte prinzipielle Klarheit in dieser Frage. Auf der Grundlage der *Gibbs*schen Behandlungsmethode konnte er streng nachweisen, daß die Oberflächenspannung wie folgt vom Krümmungsradius abhängt:

$$\frac{1}{\sigma}\left(\frac{d\sigma}{dr}\right)_T = \frac{\dfrac{2\delta}{r^2}\left[1 + \dfrac{\delta}{r} + \dfrac{1}{3}\left(\dfrac{\delta}{r}\right)^2\right]}{1 + \dfrac{2\delta}{r}\left[1 + \dfrac{\delta}{r} + \dfrac{1}{3}\left(\dfrac{\delta}{r}\right)^2\right]} \tag{2}$$

δ ist dabei der Abstand zwischen der äquimolekularen Trennfläche bei $\Gamma = 0$ und der Spannungsoberfläche:

$$\delta = r' - r \tag{3}$$

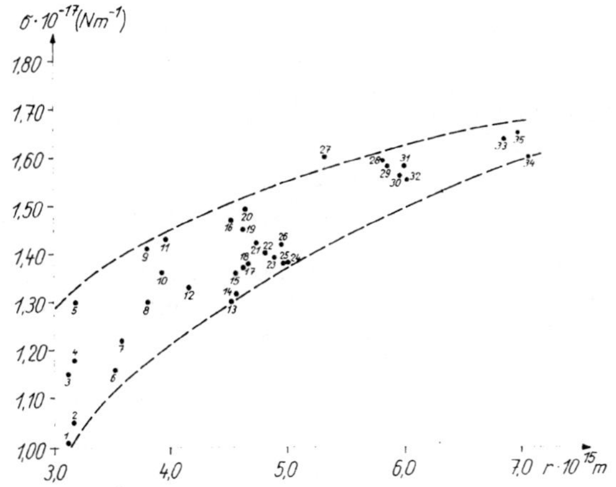

Abb. 4. Abhängigkeit der Oberflächenspannung der Kerne von ihrer Größe

r', r sind entsprechend die Radien der äquimolekularen Trennfläche und der Spannungsoberfläche.

Zum gleichen Ausdruck kamen auch *Buff* [6], *Koenig* [7] und *Kondo* [8]. Große Verbreitung fand in der Literatur für die Beschreibung der Oberflächenspannung die integrierte Form der Beziehung (2) mit den Randbedingungen: $\delta = \text{const.}$ und $\delta \ll r$:

$$\frac{\sigma}{\sigma_\infty} = \frac{1}{1 + \frac{2\delta}{r}} \tag{4}$$

σ_∞ ist die Oberflächenspannung der ebenen Oberfläche.

Aus dieser ebenfalls von *Tolman* abgeleiteten Gleichung folgt, daß die Krümmungsabhängigkeit der Oberflächenspannung durch das Vorzeichen des δ-Parameters bestimmt wird. Bei $\delta > 0$ nimmt die Oberflächenspannung mit dem Anwachsen des Krümmungsradius zu, bei $\delta < 0$ dagegen ab.

Kirkwood und *Buff* [9] konnten auf der Grundlage statistischer Berechnungen zeigen, daß für Systeme Flüssigkeit—Dampf $\delta > 0$ ist. Daraus wurde die Schlußfolgerung gezogen, daß die Oberflächenspannung zumindest für große Krümmungsradien mit deren Zunahme ansteigt. Da die gleiche Tendenz für die Oberflächenspannung der Kerne (Abb. 1) gefunden wurde, legen wir die Gleichung (4) der quantitativen Behandlung der Oberflächenspannung der Kernmaterie zugrunde. Um die *Tolman*sche Randbedingung $\delta \ll r$ etwas zu entschärfen und damit den Gültigkeitsbereich dieser Gleichung auch auf das Gebiet $\delta < r$ auszudehnen, da von vornherein unklar ist, ob die Bedingung $\delta \ll r$ auch für solche Objekte wie die Kerne mit ausreichender Genauigkeit erfüllt ist, setzen wir voraus, daß der Nenner der rechten Seite der Gleichung (4) eine im zweiten Glied unterbrochene Entwicklung der quadratischen Gleichung $\left(1 + \frac{\delta}{r}\right)^2$ darstellt. In diesem Fall geht die Beziehung (4) in (5) über.

$$\frac{\sigma}{\sigma_\infty} = \frac{1}{\left(1 + \frac{\delta}{r}\right)^2} \tag{5}$$

Wie Abb. 2 zeigt, in der die an Hand der Ausdrücke (2), (4) und (5) berechneten $\frac{1}{\sigma}\left(\frac{d\sigma}{dr}\right)r$-Größen gegen die $\frac{\delta}{r}$-Werte

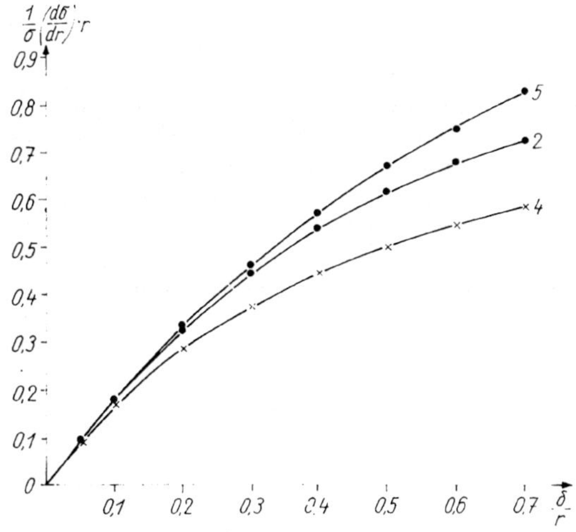

Abb. 2. Abhängigkeit der $\frac{1}{\sigma}\left(\frac{d\sigma}{dr}\right)$-Werte vom $\frac{\delta}{r}$-Parameter entsprechend der Gleichungen (2), (4) und (5)

aufgetragen sind, stellt die Gleichung (5) im gesamten (δ/r)-Bereich eine bessere Approximation der Grundbeziehung (2) als die Gleichung (4) dar.

Aus diesem Grund wurde bei der Behandlung der Eigenschaften der Kernmaterie die Gleichung (5) vorgezogen. In der für die Auswertung günstigeren Form (6)

$$\left(\frac{1}{\sigma}\right)^{1/2} - \left(\frac{1}{\sigma_\infty}\right)^{1/2} = \left(\frac{1}{\sigma_\infty}\right)^{1/2} \frac{\delta}{r} \tag{6}$$

sagt diese Beziehung eine lineare Abhängigkeit zwischen den $\left(\frac{1}{\sigma}\right)^{1/2}$ — und $\frac{1}{r}$ — Werten voraus.

Wie aus Abb. 3 zu entnehmen ist, in der die experimentellen $\left(\frac{1}{\sigma}\right)^{1/2}$-Werte gegen die reziproken Größen der Kernradien dargestellt sind, läßt sich tatsächlich, trotz gewisser Unsicherheiten wegen der vorhandenen Streuung, noch einigermaßen sicher die vorhandene Abhängigkeit durch eine Gerade approximieren. Der Schnittpunkt dieser Geraden mit der Ordinatenachse liefert einen Wert für die Oberflächenspannung der ebenen Oberfläche der Kernmaterie von $2{,}35 \cdot 10^{17}\,\text{Nm}^{-1}$. Aus ihrem Anstieg erhält

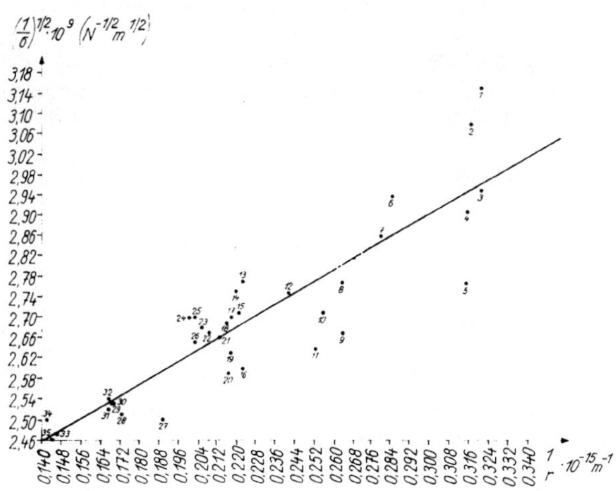

Abb. 3. Abhängigkeit der $\left(\frac{1}{\sigma}\right)^{1/2}$-Größen von den reziproken Werten der Kernradien

Bitte beachten: Statt $\frac{1}{r}$ lies $\frac{1}{r}$

man für δ einen positiven Wert von $1{,}36 \cdot 10^{-15}$ m. Diese Parameter wurden an Hand der Methode der kleinsten Quadrate bestimmt und die Gerade in Abb. 3 gemäß diesen Werten dargestellt. Die Frage nach dem physikalischen Sinn des δ-Parameters der Kerne läßt sich am besten an Hand der Dichteverteilung der Kernmaterie im Kern beantworten.

Definitionsgemäß stellt δ in der *Tolman*schen Gleichung eine Differenz der Radien der äquimolekularen und Spannungsoberflächen dar. An Hand der Abb. 4 ist diese Größe

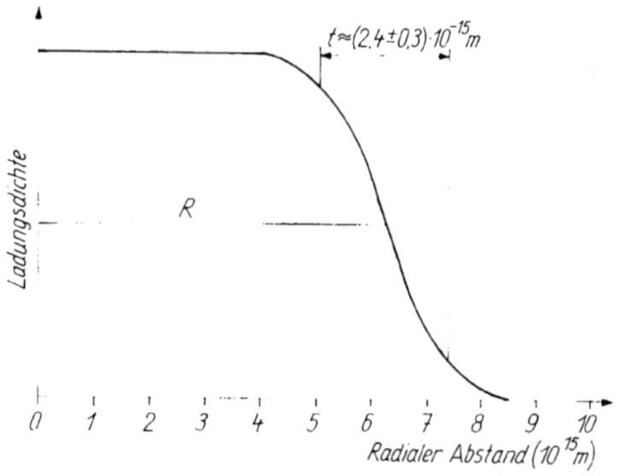

Abb. 4. Ladungsdichteverteilung der Kernmaterie im Kern (schematisch)

vernünftigerweise als die Halbwertsbreite der Kernschale zu deuten. Ein Vergleich der experimentellen Werte der Kernzonenbreiten von $2{,}4 \pm 0{,}3 \cdot 10^{-15}$ m [10], die die Abstände angeben, in denen die Kerndichte von 90% auf 10% abfällt, mit dem hier ermittelten 2δ-Wert von $2{,}7 \cdot 10^{-15}$ m unterstützt diese Zuordnung des δ-Parameters der Kerne.

Diese zufriedenstellende Übereinstimmung der beiden Größen bestätigt andererseits auch die Anwendbarkeit der *Tolman*schen Grundgleichung (2) oder ihrer Approximation in Form der Beziehung (5) für die Beschreibung der Kerneigenschaften trotz der außerordentlich kleinen Größe dieser Objekte von 10^{-14} m — 10^{-15} m.

Eingegangen am 6. 5. 1981

Literatur

[1] *Landolt-Börnstein*, Kernphysik und Kerntechnik, Band 1/2, Kernradien, Springer Verlag, Berlin-Heidelberg-New York 1967, S. 30
[2] *J. W. Gibbs*, Collected Works. Jale University Press, New Haven, 1948, Vol 1, p. 232
[3] *G. Bakker*, Kapillarität und Oberflächenspannung. Handb. d. exp. Phys., Band VI, Wien-Harms, Leipzig 1928
[4] *J. J. Thomson*, *G. P. Thomson*, Conduction of electricity through gases, I. Cambridge 1928, p. 329
[5] *R. C. Tolman*, J. Chem. Phys. **17** (1949) 333
[6] *F. P. Buff*, J. Chem. Phys. **23**, (1955) 419
[7] *F. O. Koenig*, J. Chem. Phys. **18** (1950) 449
[8] *S. Kondo*, J. Chem. Phys. **25** (1956) 662
[9] *J. G. Kirkwood*, *F. P. Buff*, J. Chem. Phys. **17** (1949) 338
[10] Referat [1], S. 21

Isotopengeochemisches Kompartimentmodell des Stickstoffkreislaufs

G. Weise, *K. Wetzel*, *G. Stiehl*

(Zentralinstitut für Isotopen- und Strahlenforschung der Akademie der Wissenschaften der DDR, Leipzig)[1]

Herrn Prof. Dr. habil. *K. Fuchs* zum 70. Geburtstag gewidmet

Es wird ein Modell des globalen Kreislaufs des Stickstoffs und seiner Isotope beschrieben, das die folgenden geochemischen Reservoire berücksichtigt: Stickstoff in Magmatiten, Stickstoff in Metamorphiten, Stickstoff in Sedimentiten und Stickstoff der Atmosphäre. Das Modell berücksichtigt den Stickstoffaustausch zwischen Magmatiten und dem Oberen Mantel, den Übergang des Stickstoffs aus Magmatiten und Metamorphiten in die Atmosphäre und den Stickstoffaustausch zwischen Sedimentiten und der Atmosphäre und andere geochemische Prozesse.

Auf der Grundlage aller gegenwärtig zugänglichen δ^{15}N-Werte magmatischer, metamorpher und sedimentärer Gesteine und plausibler Annahmen über die Isotopieeffekte, die bei der Bildung dieser Stickstoffflüsse wirken, werden — unter Benutzung des mathematischen Formalismus der Kompartimenttheorie — quantitative Aussagen abgeleitet über das Ausmaß des Stickstoffaustausches zwischen der Erdkruste und dem Oberen Mantel und über andere Stickstoffflüsse, die den globalen Stickstoffkreislauf charakterisieren.

Keywords

earth sciences; geochemistry; isotope effects; isotope ratio; mathematical models; nitrogen 15; stable isotopes

1. Formulierung des Modells

Kompartimentmodelle werden vielfach zur Untersuchung des dynamischen Verhaltens stofflicher Systeme herangezogen. Voraussetzung dafür ist, daß sich der betrachtete Stoffvorrat in Teilmengen (Kompartimente) zerlegen läßt, die im vorgegebenen Zeitmaßstab mit einiger Berechtigung als sehr schnell durchmischt angesehen werden können.

Auf dieser grundsätzlichen Annahme aufbauend, benutzte *Wetzel* [1] bereits vor einigen Jahren das Konzept, die bei der Darstellung geochemischer Kreisläufe üblicherweise verwendeten Reservoirgrößen als Kompartimente im oben beschriebenen Sinne aufzufassen und den natürlichen Kreislaufs eines Elements bzw. eines Nuklides durch ein mathematisches Modell mit Hilfe der Kompartimenttheorie zu beschreiben. Angewandt auf den Stickstoff, wurde von *Wetzel* und *Winkler* [2, 3] ein Modell aus drei wesentlichen Kompartimenten entworfen: Stickstoff in den Magmatiten, atmosphärischer Stickstoff und Stickstoff in

[1]) Anschrift: 7050 Leipzig, Permoserstr. 15

den Sedimentgesteinen. Außerdem ist ein Stickstoffzustrom aus dem Oberen Mantel vorgesehen.

Unter Verwendung neu hinzugekommenen Datenmaterials [4–6] entwarf *Stiehl* [7, 8] ein weiter aufgegliedertes Modell des natürlichen Stickstoffkreislaufs, in dem die Stickstoffreservoire „Oberer Mantel" und „Parametamorphite" zusätzlich zu den bereits genannten drei Kompartimenten ausgewiesen werden.

Unter Berücksichtigung des neuen Datenmaterials wird in der vorliegenden Arbeit ein Modell mit 4 Kompartimenten vorgestellt. Es bildet die Grundlage für die nachfolgend beschriebenen Berechnungen und wird in Abb. 1 wiedergegeben.

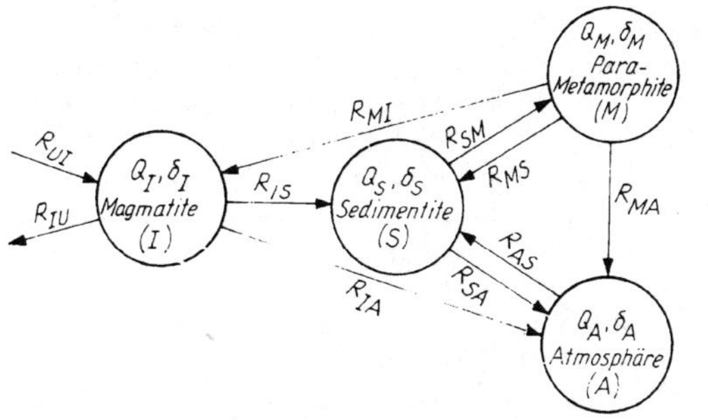

Abb. 1. Modell des Stickstoffkreislaufs
R_{UI} – aus dem Oberen Mantel auftauchender Stickstoff; R_{IU} – mit der Kruste in den Oberen Mantel abtauchender Stickstoff; R_{IA} – Entgasung der auftauchenden Magmen und der Magmatite; R_{IS} – durch Verwitterung der Magmatite in das Reservoir der Sedimente eintretender Sticktoff; R_{SM} – durch Übergang diagenetisch veränderter Sedimente in das Reservoir der Parametamorhite eintretender Stickstoff; R_{MS} – durch Verwitterung der Parametamorphite in das Reservoir der Sedimente eintretender Stickstoff; R_{MA} – bei der Parametamorphose entweichender Stickstoff; R_{SA} – aus den Sedimenten in den Boden bzw. in die Atmosphäre entweichender Stickstoff; R_{AS} – durch Bodenauslaugung in die Sedimente übertretender Stickstoff; R_{MI} – bei der Palingenese in das Reservoir der Magmatite zurückkehrender Stickstoff; Q_i – Stickstoffmenge im Kompartiment i (i = A, I, M, S); δ_i – $\delta^{15}N$-Wert im Kompartiment i

Betrachten wir zunächst die Verhältnisse zu Beginn der Entwicklung der Erdkruste, also vor etwa $4 \cdot 10^9$ Jahren. Wir wollen annehmen, daß nur zwei Reservoire existieren:

$Q_I(0)$ t Stickstoff in den Magmatiten

und

$Q_A(0)$ t Stickstoff in der Atmosphäre.

Über die Größe dieser beiden Reservoire läßt sich bisher nichts Sicheres sagen. Es soll eine der Aufgaben der vorliegenden Arbeit sein, $Q_I(0)$ und $Q_A(0)$ zu berechnen.

Das Reservoir der Magmatite steht im Stoffaustausch mit dem Oberen Mantel: An den Riftzonen taucht ein Stickstofffluß R_{UI} der Isotopenzusammensetzung δ_{UI}[2]) aus dem Oberen Mantel auf; an den Subduktionszonen tauchen (überwiegend basische) Gesteine in den Oberen Mantel ab und rekrutieren den Stickstofffluß R_{UI} der Isotopenzusammensetzung δ_{IU}. Über R_{UI} und δ_{UI} ist nichts Genaues bekannt. Angesichts des großen Stickstoffvorrats des Oberen Mantels ($5{,}6 \cdot 10^{16}$ t) im Vergleich zu den Reservoiren der Kruste dürfen wir als Näherung aber sicherlich annehmen, daß R_{UI} und δ_{UI} im Mittel im Laufe der Erdgeschichte konstant geblieben sind. Was den Fluß R_{IU} betrifft, so wird von [9, 10] davon ausgegangen, daß sich jährlich etwa 3,43 km³ ozeanische Kruste neu bilden und an den Subduktionszonen wieder abtauchen. Neuere Ergebnisse der vulkanologischen Forschung erbrachten für die ozeanische Krustenneubildung einen Wert von 5,5 km³/a. Dieser Wert wird dem vorliegenden Modell zugrunde gelegt. Bei einem N-Gehalt der (abtauchenden) Basalte von 22 ppm und einer Dichte dieser Gesteine von 3,0 g/cm^{-3} erhalten wir so $R_{IU}(t_p) = 3{,}6 \cdot 10^5$ t/a. Die Größe $t_p = 4 \cdot 10^9$ a kennzeichnet dabei den gegenwärtigen Zeitpunkt, gerechnet seit Beginn der Krustenentwicklung.

Im Laufe der Erdgeschichte entwickelten sich durch Verwitterung, Abscheidung chemischer und biogener Sedimente und durch Parametamorphose die Reservoire des Stickstoffs in den Sedimenten ($Q_S(t)$) und in den Parametamorphiten ($Q_M(t)$); außerdem wird das Reservoir des Stickstoffs in der Atmosphäre ($Q_A(t)$) durch die Entgasung der Magmatite und der Parametamorphite sowie durch die Prozesse der Denitrifikation und der N_2O-Bildung zu seiner rezenten Mächtigkeit aufgefüllt.

Als Bindeglied zwischen den Reservoiren der Sedimente und der Atmosphäre ist der Stickstoffpool der Biosphäre unter Einschluß des Bodens zu berücksichtigen (Abb. 2).

Die hierbei auftretenden Transport- und Poolgrößen sind im gegenwärtigen Stadium der Krustenentwicklung von sehr unterschiedlicher Größenordnung: Das Reservoir der Biosphäre ist mit $3 \cdot 10^{10}$ t Stickstoff sehr klein gegenüber den Stickstoffmengen in Sedimenten und Atmosphäre, die nicht stark voneinander abweichenden Stickstoffströme der biologischen Stickstoff-Fixierung und der Denitrifikation sind andererseits um zwei Zehnerpotenzen größer als R_{AS} und R_{SA}. Es scheint deshalb gerechtfertigt, die Biosphäre mit in das Kompartiment der Atmosphäre einzubeziehen, solange keine isotopischen Variationen in der Biosphäre selbst Berücksichtigung finden.

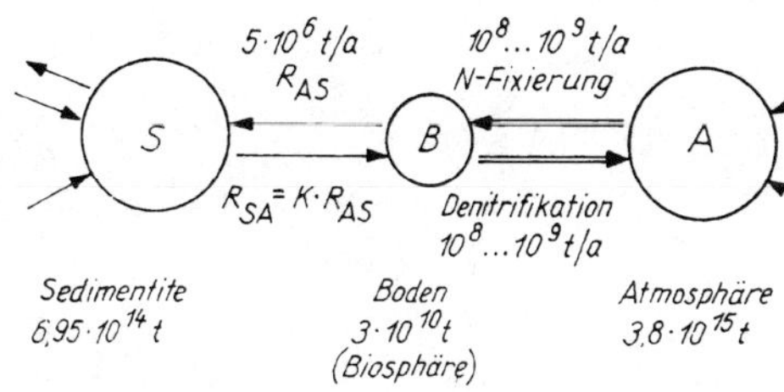

Abb. 2. Verknüpfung Atmosphäre – Sedimente

Die rezente Atmosphäre enthält $Q_A(t_p) = 3{,}8 \cdot 10^{15}$ t Stickstoff. Für die heutige Größe der übrigen Reservoire hat *Stiehl* [8] aufgrund eigener und in der Literatur veröffentlichter Daten über die Stickstoffgehalte der Sedimente, Parametamorphite und Magmatite folgende Werte errechnet:

$$Q_S(t_p) = 6{,}95 \cdot 10^{14} \text{ t Stickstoff}$$

$$Q_M(t_p) = 4{,}1 \cdot 10^{14} \text{ t Stickstoff}$$

und

$$Q_I(t_p) = 6{,}6 \cdot 10^{14} \text{ t Stickstoff.}$$

2. Berechnung des stofflichen Modells

Die Grundannahmen und mathematischen Ansätze der Kompartimenttheorie werden als bekannt vorausgesetzt.

[2]) Hier und in der gesamten Arbeit bedeutet

$$\delta^{15}N = \frac{(^{15}N/^{14}N)_{Reservoir} - (^{15}N/^{14}N)_{Atmosphäre}}{(^{15}N/^{14}N)_{Atmosphäre}} \cdot 10^3\ ‰$$

Für das in Abb. 1 dargestellte Modell ergeben sich danach die vier gekoppelten Differentialgleichungen

$$\dot{Q}_I = -k_{IS}Q_I - k_{IA}Q_I + k_{MI}Q_M + \tilde{R}_{UI}$$

mit $\tilde{R}_{UI} = R_{UI} - R_{IU}$

$$\dot{Q}_M = -k_{MI}Q_M - k_{MS}Q_M - k_{MA}Q_M + k_{SM}Q_S \quad (1)$$

$$\dot{Q}_S = k_{IS}Q_I + k_{MS}Q_M - k_{SM}Q_S + \tilde{k}_{AS}Q_A$$

mit $\tilde{k}_{AS} = k_{AS}(1 - K)$

$$\dot{Q}_A = k_{IA}Q_I + k_{MA}Q_M - \tilde{k}_{AS}Q_A$$

Die den Austausch zwischen Oberem Mantel und Magmatiten vermittelnden Ströme R_{UI} und R_{IU} werden als zeitlich konstant angenommen. Sie können hier zunächst zu $\tilde{R}_{UI}$, dem Nettozufluß in das Gesamtsystem, zusammengefaßt werden (s. Gl. (1)).

Weiterhin ist die Annahme $R_{SA} = K \cdot R_{AS}$ enthalten, die damit begründet wird, daß die durch R_{SA} charakterisierte Verwitterung von Sedimenten zu fruchtbarem Boden (Abb. 2) vom Entwicklungsstand der Biosphäre/Atmosphäre, also vom Zielkompartiment, nicht aber von der Größe des Ausgangskompartiments dieses Stickstoffstromes gesteuert wird. So läßt sich der in der dritten Gleichung von (1) zunächst enthaltene Anteil $R_{AS} - R_{SA}$ zu

$$R_{AS} - K \cdot R_{AS} = (1 - K) \cdot R_{AS} \quad (2)$$

zusammenfassen. Mit der in der Kompartimenttheorie üblichen Annahme $R_{AS}(t) = k_{AS}Q_A(t)$ wird Ausdruck (2) zu

$$(1 - K) \cdot k_{AS}Q_A = \tilde{k}_{AS}Q_A \quad (3)$$

(s. Gleichungen 3 und 4 des Systems (1)).

Dem Gleichungssystem (1) läßt sich somit das in Abb. 3 dargestellte „zusammengefaßte" Kompartimentmodell zuordnen.

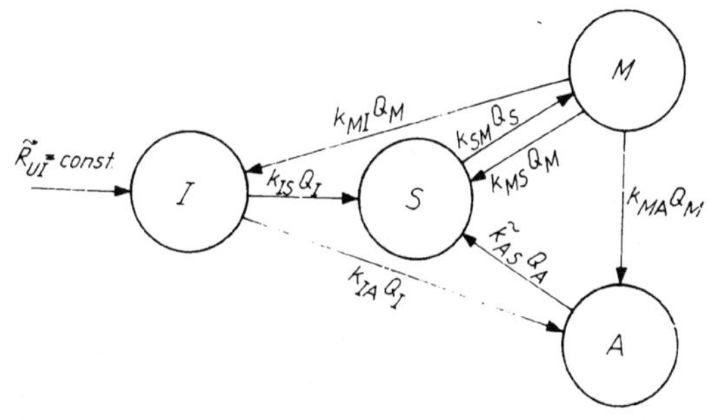

Abb. 3. „Zusammengefaßtes" stoffliches Modell

Der Messung zugänglich bzw. von Meßergebnissen her abschätzbar sind folgende Größen: die gegenwärtigen Stickstoffgehalte der vier Kompartimente, also

$$Q_I(t_p),\ Q_M(t_p),\ Q_S(t_p),\ Q_A(t_p)$$

sowie die gegenwärtigen Stickstoffströme $R_{IA}(t_p)$, $R_{AS}(t_p)$ $R_{SM}(t_p)$, $R_{MI}(t_p)$, $R_{MA}(t_p)$, aus denen wegen $R_{IA} = k_{IA}Q_I$, $R_{AS} = k_{AS}Q_A$, $R_{SM} = k_{SM}Q_S$, $R_{MI} = k_{MI}Q_M$ und $R_{MA} = k_{MA}Q_M$ unmittelbar die in der Kompartimenttheorie als konstant vorausgesetzten Transportkoeffizienten

$$k_{IA},\ k_{AS},\ k_{SM},\ k_{MI} \text{ und } k_{MA}$$

berechnet werden können. Weiterhin wird für den in den Oberen Mantel abtauchenden Stickstoffstrom R_{IU} ein konstanter Schätzwert vorgegeben. Hinsichtlich der Anfangswerte des dynamischen Systems wird davon ausgegangen, daß Sedimente und Metamorphite zur Zeit $t = 0$ noch nicht existierten, d. h.: $Q_S(0) = Q_M(0) = 0$.

Was den Fluß R_{IA} betrifft, so ergibt sich aus Angaben über die jährlich ausgeworfenen Lavamengen und dem Stickstoffgehalt der dabei auftretenden Exhalationen eine Spanne von $3 \cdot 10^4$ bis $3 \cdot 10^5$ t/a [11]. Aus Gründen des Modellabgleichs machte es sich im vorliegenden Fall erforderlich, $R_{IA}(t_p) = 3{,}3 \cdot 10^5$ t/a einzusetzen.

Akzeptiert man eine Angabe von *Wedepohl* [11], wonach der Strom des biologisch (und durch Kunstdüngerzugabe) fixierten Stickstoffs, der infolge von Bodenauslaugung in den Ozean gelangt und anschließend in Sedimenten gebunden wird, $5 \cdot 10^6$ t/a beträgt, so kann dieser Zahlenwert der Größe $R_{AS}(t_p)$ zugeordnet werden.

Für die innerhalb der Kruste (einschließlich der Atmosphäre, der Sedimente und der Parametamorphite) heute vorhandenen Flüsse läßt sich folgendes sagen: Aus der von *Jaroshevskij* [12] angegebenen Sedimentationsrate (der letzten $1{,}5 \cdot 10^9$ Jahre) von 0,733 km³/a ergibt sich für den in Q_S eintretenden Stickstoffstrom nach *Stiehl* [8] 9,6 bis $9{,}9 \cdot 10^5$ t/a. Da angenommen wird, daß bei der Diagenese (Q_S nach Q_M) keine nennenswerten Verluste an Stickstoff auftreten, wird $R_{SM}(t_p) = 9{,}9 \cdot 10^5$ t/a für die Modellrechnung eingesetzt.

Aus dem Verlust an Stickstoff im Pool der Parametamorphite während der Metamorphose, der etwa 90% beträgt, ergibt sich für den in die Atmosphäre übergehenden Stickstoffstrom $R_{MA}(t_p) = 8{,}4$ bis $8{,}9 \cdot 10^5$ t/a. Für die Modellrechnung wurde $R_{MA}(t_p) = 8{,}0 \cdot 10^5$ t/a gewählt, was angesichts einer Unsicherheit dieser Größen bis zu 20% vertretbar erscheint. Für den aus Q_M in Q_I eintretenden Stickstoffstrom wurde in Anlehnung an Berechnungen von *Jaroshevskij* [12]

$$R_{MI}(t_p) = 1{,}1 \cdot 10^5 \text{ t/a}$$

eingesetzt.

Welche zur Lösung des Differentialgleichungssystems (1) notwendigen Größen müssen als Unbekannte gelten? Es sind dies

die Koeffizienten k_{IS}, k_{MS}, $\tilde{k}_{AS}$,
der Nettozufluß $\tilde{R}_{UI}$ und
die Anfangswerte $Q_I(0)$ und $Q_A(0)$.

Zwei dieser sechs Unbekannten sind noch durch eine im Modellentwurf enthaltene Gleichung

$$R_{IS}(t_p) + R_{MS}(t_p) = 10^5 \text{ t/a}, \quad \text{d. h.}$$

$$k_{IS} \cdot Q_I(t_p) + k_{MS} \cdot Q_M(t_p) = 10^5 \text{ t/a} \quad (4)$$

miteinander verknüpft, so daß de facto 5 zur Lösung benötigte Größen unbekannt sind. Die Gleichung (4) charakterisiert den Stickstoffstrom, der bei der Verwitterung von magmatischen und metamorphen Gesteinen in das Kompartiment der Sedimente übergeht.

Zur Parametereinschätzung an Kompartimentmodellen wurde von *Winkler* [13] ein Rechenprogramm erarbeitet, das die Parameter durch Minimierung der Summe der gewichteten Fehlerquadrate (*Gauss-Newton*-Algorithmus) ermittelt. Dieses FORTRAN IV-Programm stand für die vorliegende Arbeit zur Verfügung und wurde als Bestand NILAR in die nutzereigene Programmbibliothek an einer Rechenanlage EC 1040 übernommen. Es ermittelt die unbekannten Parameterwerte so, daß die damit durch Lösung des Differentialgleichungssystems (1) nach dem *Runge-Kutta*-Verfahren erhaltenen Funktionen $Q_I(t)$, $Q_M(t)$, $Q_S(t)$ und $Q_A(t)$ sich zum Zeitpunkt t_p den vier vorgegebenen Funktionswerten $Q_I(t_p)$, $Q_M(t_p)$, $Q_S(t_p)$ und $Q_A(t_p)$ bestmöglich annähern.

Da das Differentialgleichungssystem (1) vier Freiheitsgrade besitzt, können von den nach Berücksichtigung der Verknüpfungsgleichung (4) noch verbliebenen 5 Unbekannten nur vier mit dem Programm NILAR berechnet werden. Im vorliegenden Fall wurden für die Größe $Q_A(0)$, den Stickstoffgehalt der zweiten Atmosphäre der Erde in ihrem Urzustand, verschiedene Werte mehr oder weniger willkürlich vorgelegt. Für jeden Wert berechnete dann das Computerprogramm Schätzwerte für die Parameter k_{IS}, $\tilde{k}_{AS}$, $\tilde{R}_{UI}$ und $Q_I(0)$, wobei der Rechner über die Verknüpfung (4) auch sofort k_{MS} mit ausgab.

Bevor die Resultate zusammengefaßt dargelegt werden, sei noch auf folgenden Sachverhalt hingewiesen: Außer der mathematisch formulierten Nebenbedingung (4) gibt es für das vorgestellte Modell weitere nicht so streng formulierte Bedingungen, die einen Einfluß auf die Parameterwahl haben können. So ist z. B. anzunehmen, daß die in den Kompartimenten S und M befindlichen Stickstoffmengen im Laufe der erdgeschichtlichen Entwicklung monoton gewachsen — rezent eventuell stationär — sind, da auch der Bestand an Sedimenten und Metamorphiten kaum zu irgendeiner Zeit rückläufig war. Der Zustrom $R_{SM}(t_p)$ zum Reservoir M muß also größer oder gleich der Summe der Abflüsse $R_{MI}(t_p) + R_{MS}(t_p) + R_{MA}(t_p)$ aus dem Reservoir M sein. Weiterhin sollte aufgrund der annähernden Konstanz des rezenten Sedimentreservoirs der Abfluß $R_{SM}(t_p)$ ungefähr gleich der Zustromsumme $\tilde{R}_{AS}(t_p) + R_{MS}(t_p) + R_{IS}(t_p)$ sein ($\tilde{R}_{AS} = \tilde{k}_{AS}Q_A$). Für die Verwitterungsströme $R_{IS}(t_p)$ (Magmatitverwitterung) und $R_{MS}(t_p)$ (Metamorphitverwitterung) gilt, daß sie etwa von gleicher Größe sind, wogegen $\tilde{R}_{AS}(t_p)$ um den Faktor 9 größer als die Summe der Ströme $R_{IS}(t_p) + R_{MS}(t_p)$ sein müßte. Letzteres hängt damit zusammen, daß verwitternde Magmatite und Metamorphite einen Stickstoffgehalt von etwa 50 ppm haben, wogegen die entstehenden Sedimente wesentlich stickstoffreicher sind (ca. 500 ppm). Der fehlende Stickstoff wird dem Reservoir der Atmosphäre entnommen.

In Tab. 1 sind die Ergebnisse von 9 Modellrechnungen für das stoffliche Modell zusammengestellt. Zu willkürlich gewählten Werten für $Q_A(0)$ sind mit NILAR jeweils Schätzwerte für die Parameter $Q_I(0)$, $\tilde{R}_{UI}$, k_{IS}, k_{MS} und $\tilde{k}_{AS}$ berechnet worden. Statt der drei Transportkoeffizienten k_{IS}, k_{MS} und $\tilde{k}_{AS}$ sind in der Tabelle der besseren Interpretierbarkeit halber die für die Gegenwart daraus abgeleiteten Stickstoffströme $R_{IS}(t_p) = k_{IS} \cdot Q_I(t_p)$, $R_{MS}(t_p) = k_{MS} \cdot Q_M(t_p)$ und $\tilde{R}_{AS}(t_p) = \tilde{k}_{AS} \cdot Q_A(t_p)$ angegeben worden.

Mit der Beziehung $R_{UI} = \tilde{R}_{UI} + R_{IU}$ läßt sich nun noch der aus dem Oberen Mantel auftauchende Stickstoffstrom R_{UI} berechnen; Zahlenwerte für die einzelnen Modellrechnungen zeigt Tab. 2. Zu Vergleichszwecken ist in Tab. 2 außerdem eine Größe $b = Q_A(0)/Q_A(t_p)$ aufgenommen worden, die bereits in früheren Arbeiten von *Wetzel* und *Winkler* [2, 3] verwendet wurde und das Verhältnis von Stickstoffmenge in der Uratmosphäre zur Stickstoffmenge in der gegenwärtigen Atmosphäre der Erde wiedergibt.

Zum Stickstoffaustausch zwischen den Kompartimenten „Sedimente" und „Atmosphäre/Boden" (vgl. Abb. 2) macht sich folgende Anmerkung erforderlich: Wegen $1 - K = \tilde{R}_{AS}(t)/R_{AS}(t)$ aus Gleichung (3) folgt mit dem für alle neun Modellrechnungen einheitlich erhaltenen Wert $\tilde{R}_{AS}(t_p) = 9{,}29 \cdot 10^5$ t/a als Größe der letzten noch zu bestimmenden Unbekannten $K = 0{,}81$.

Das Programm NILAR bietet die Möglichkeit, mit den durch Fehlerminimierung abgeschätzten Parameterwerten die Kompartimentgrößen Q_I, Q_M, Q_S und Q_A in ihrer zeitabhängigen Entwicklung zu berechnen. Wegen $R_{ij} = k_{ij}Q_i$ sind daraus unmittelbar die Zeitfunktionen der verschiedenen Flüsse ableitbar. Abb. 4 und 5 zeigen die entsprechenden Kurvenzüge für Modellrechnung Nr. 2 ($b = 0{,}07$).

Im Sinne einer ersten Diskussion der Modellierungsergebnisse ist festzustellen, daß bei allen 9 Rechnungen ein recht hoher Anfangsewrt $Q_I(0)$ erhalten wurde: Mit kleiner

Tab. 1. Ergebnisse der Berechnung des stofflichen Modells

Modellrechng. Nr.	$Q_A(0)$ (10^{15} t)	$Q_I(0)$ (10^{15} t)	$\tilde{R}_{UI}$	$R_{IS}(t_p)$	$R_{MS}(t_p)$ (10^4 t/a)	$\tilde{R}_{AS}(t_p)$
1	0	5,64	−1,90	5,24	4,76	92,9
2	0,25	5,31	0,05	5,20	4,80	92,9
3	0,5	4,99	1,99	5,16	4,84	92,9
4	0,75	4,66	3,94	5,12	4,88	92,9
5	1,0	4,33	5,90	5,07	4,93	92,9
6	1,5	3,67	9,84	4,98	5,02	92,9
7	2,0	3,01	13,8	4,87	5,13	92,9
8	2,5	2,35	17,8	4,76	5,24	92,9
9	3,0	1,69	21,8	4,64	5,36	92,9

Tab. 2. Stickstoffstrom aus dem Oberen Mantel und $b = Q_A(0)/Q_A(t_p)$

Modellrechng. Nr.	1	2	3	4	5	6	7	8	9
R_{UI} (10^4 t/a)	34,1	36,0	38,0	39,9	41,9	45,8	49,8	53,8	57,8
b	0	0,07	0,13	0,20	0,26	0,39	0,53	0,66	0,79

werdendem b ergibt sich für das Kompartiment „Magmatite" für die Zeit vor 4 Milliarden Jahren der 2,5- bis 8,5 fache Stickstoffgehalt im Vergleich zum gegenwärtigen Wert. Das Modell fordert diesen hohen Anfangsgehalt, damit der Stickstoffstrom $R_{IA} = k_{IA} \cdot Q_I$ in der Frühphase der Erdentwicklung ausreichend groß ist, um genügend Stickstoff in die Atmosphäre zu transportieren. Für sehr kleine b-Werte wird dann entsprechend der Netto-Stickstoffzufluß $\tilde{R}_{UI}$ aus dem Mantel verschwindend gering, da die vier Kompartimente zusammengenommen schon anfänglich genügend Stickstoff enthalten, um durch Umverteilung den rezenten Zustand herstellen zu können.

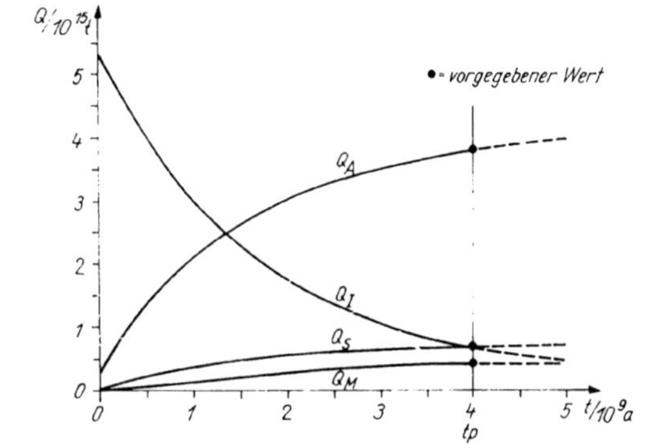

Abb. 4. Erdgeschichtliche Entwicklung der Stickstoffmengen ($b = 0{,}07$)

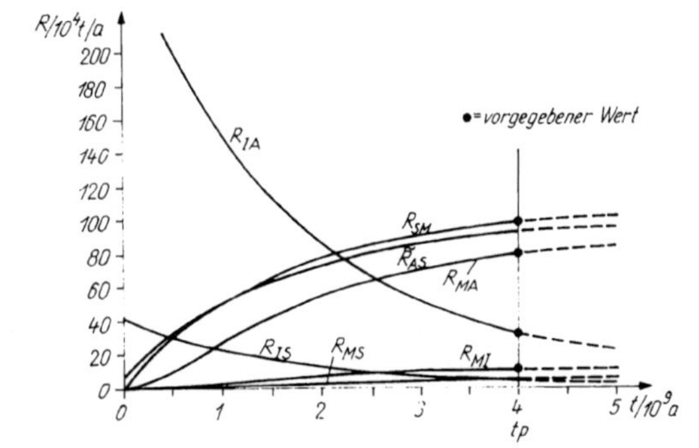

Abb. 5. Erdgeschichtliche Entwicklung der Stickstoffströme ($b = 0{,}07$)

3. Berechnung des Modells der Isotopenverteilung

Der in der Natur vorkommende Stickstoff setzt sich im Mittel aus 99,63 Atom-% ^{14}N und 0,37 Atom-% ^{15}N zusammen. Es ist deshalb gerechtfertigt, alle im vorangegangenen Abschnitt 2 ausgeführten Berechnungen und Überlegungen als für das Nuklid ^{14}N geltend zu betrachten. Das in Abb. 1 dargestellte Modell des Stickstoffkreislaufs wird nun noch ein zweites Mal, nämlich für das Nuklid ^{15}N, mathematisch als Differentialgleichungssystem formuliert. Dabei lassen sich, wie bereits von *Wetzel* [1] dargelegt wurde, Isotopieeffekte beim Stoffübergang von einem Kompartiment zum anderen durch Veränderung der Transportkoeffizienten in die Rechnung einbringen. Wir definieren

$$k'_{ij} = I_{ij} \cdot k_{ij} \tag{5}$$

wobei sich die ungestrichenen k auf ^{14}N, die gestrichenen auf ^{15}N beziehen. Das Differentialgleichungssystem für ^{15}N lautet

$$\begin{aligned}
\dot{q}_I &= -k'_{IS}q_I - k'_{IA}q_I + k'_{MI}q_M + r_{UI} - I_{IU} \cdot R_{IU} \cdot \frac{q_I}{Q_I} \\
\dot{q}_M &= -k'_{MI}q_M - k'_{MS}q_M - k'_{MA}q_M + k'_{SM}q_S \\
\dot{q}_S &= k'_{IS}q_I + k'_{MS}q_M - k'_{SM}q_S + \tilde{k}'_{AS}q_A \\
&\text{mit } \tilde{k}'_{AS} = \tilde{I}_{AS}\tilde{k}_{AS} \\
\dot{q}_A &= k'_{IA}q_I + k'_{MA}q_M - \tilde{k}'_{AS}q_A
\end{aligned} \tag{6}$$

Unter q_i sollen die ^{15}N-Mengen in den Kompartimenten i verstanden werden, r_{ij} sind ^{15}N-Ströme. Als Besonderheit gegenüber System (1) fällt der letzte Term in der ersten Gleichung auf. Hier wird berücksichtigt, daß r_{IU} nicht als konstant angesetzt werden darf, da die Isotopenzusammensetzung des in den Oberen Mantel abtauchenden Stickstoffstromes — von einem möglichen Isotopieeffekt abgesehen — von der aktuellen Zusammensetzung des Kompartiments „Magmatite" gesteuert wird:

$$\frac{r_{IU}}{R_{IU}} = \frac{q_I}{Q_I}, \qquad \text{falls } I_{IU} = 1 \tag{7}$$

In Abb. 6 ist das dem Differentialgleichungssystem (6) entsprechende „zusammengefaßte" ^{15}N-Kompartimentmodell dargestellt worden, wobei alle Isotopieeffekte, die als ungleich Null (d. h. $I_{ij} \neq 1$) angegeben werden, im entsprechenden Stickstoffstrom gekennzeichnet sind.

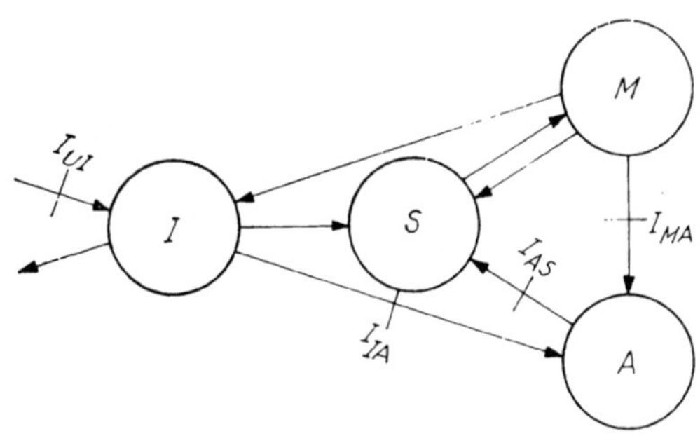

Abb. 6. „Zusammengefaßtes" ^{15}N-Modell
Bitte beachten: Statt I_{AS} lies $\tilde{I}_{AS}$

Nachdem das stoffliche Modell — wie in Abschnitt 2 beschrieben — bereits durchgerechnet worden ist, können mit Berücksichtigung rezenter $\delta^{15}N$-Werte für die vier Kompartimente und aus isotopengeochemischen Untersuchungen abgeleiteter Isotopieeffekte folgende Größen als bekannt gelten:

[1] N-Mengen $q_I(t_p)$, $q_M(t_p)$, $q_S(t_p)$, $q_A(t_p)$
alle ^{15}N-Transportkoeffizienten k'_{ij} außer $\tilde{k}'_{AS}$
dazu die zwei Anfangswerte $q_S(0) = q_M(0) = 0$

Bei der Umrechnung von $\delta^{15}N$-Werten eines Kompartiments oder Stickstoffstromes auf q bzw. r wurden hierbei, wie auch im Folgenden, die Beziehungen

$$q = \frac{15}{14} Q \cdot V \frac{\delta/‰ + 1000}{1000} \tag{8}$$

entsprechend

$$\delta = \left[\frac{14}{15}\frac{q}{Q}\frac{1000}{V} - 1000\right]‰ \tag{8a}$$

mit $V = 3{,}6764 \cdot 10^{-3}$ als Isotopenverhältnis für den ^{15}N-Standard Luft verwendet.

Für die Modellrechnung verwendete Zahlenwerte sind: $\delta_S(t_p) = 5\,‰$, $\delta_M(t_p) = 6{,}0\,‰$, $\delta_I(t_p) = 7{,}8\,‰$; außerdem ist per definitionem $\delta_A(t_p) = 0$. Es gilt zu beurteilen, welche Isotopieeffekte bei der Formierung der einzelnen Flüsse wirken.

Über den beim Aufsteigen des Stickstoffs aus dem Oberen Mantel wirkenden Isotopieeffekt, der durch

$$I_{UI} = \frac{10^3 + \delta_{UI}}{10^3 + \delta_U}$$

charakterisiert wird, ist nichts Sicheres bekannt.

Beim Abtauchen der Kruste in den Oberen Mantel tritt sicherlich kein nennenswerter Isotopieeffekt auf; der Stickstoff verläßt in der Modellrechnung die Kruste also mit der Isotopenzusammensetzung δ_I, d. h.

$$I_{IU} = \frac{10^3 + \delta_{IU}}{10^3 + \delta_I} = 1{,}000$$

Der bei der Metamorphose auftretende Isotopieeffekt

$$I_{MA} = \frac{10^3 + \delta_{MA}}{10^3 + \delta_M}$$

wurde aufgrund experimenteller Untersuchungen [8, 14] zu 0,9956 bis 0,9985 bestimmt.

Der Isotopieeffekt für die Entgasung der Magmen und Magmatite

$$I_{IA} = \frac{10^3 + \delta_{IA}}{10^3 + \delta_I} = 0{,}9974$$

wurde aus oben genannten Untersuchungen [8] als gewichtete Mittelung erhalten. $R_{IS}(t)$ und $R_{MS}(t)$ kommen durch Verwitterung kompakter Gesteine zustande; hier dürften keine Isotopieeffekte wirken (*Wetzel* [15]):

$$I_{IS} = I_{MS} = 1{,}000$$

Die Flüsse $R_{SM}(t)$ und $R_{MI}(t)$ entsprechen einem vollständigen Übergang des Stickstoffs aus einem Reservoir in ein anderes; es gilt also auch

$$I_{SM} = I_{MI} = 1{,}000$$

Die Kenntnis des Isotopieeffektes I_{IA} versetzt uns in die Lage, über die Isotopenzusammensetzung $\delta_A(0)$ der Atmosphäre zu Beginn der Entwicklung der Erdkruste eine Aussage zu treffen: Zur Zeit $t = 0$ existierten nur die Reservoire Q_I und Q_A. Da der Stickstoff der Uratmosphäre sicherlich ebenso durch Entgasung von Magmen bzw. Magmatiten entstanden ist wie der im Laufe der Erdgeschichte von Q_I nach Q_A fließende Stickstoff, sollte gelten:

$$\delta_A(0) = \delta_I(0) - 2{,}6\,‰ \tag{9}$$

(Dabei vernachlässigen wir Einflüsse des in der Uratmosphäre enthaltenen Ammoniaks ebenso wie Auswirkungen eines Entweichens von Stickstoff in den Kosmos.)

Als unbekannt sind der Trennfaktor $\tilde{I}_{AS}$, die Größe r_{UI} des ^{15}N-Zustroms aus dem Oberen Mantel und die Anfangswerte $q_I(0)$ und $q_A(0)$ zu bezeichnen. Zwischen den beiden zuletzt genannten Größen besteht jedoch die verknüpfende Nebenbedingung (9). Damit besitzt das System (6) noch einen überzähligen Freiheitsgrad, durch den ein weiterer Parameter angepaßt werden könnte. Durch Abänderung und Ergänzung des Programms NILAR wurde ein im Grundaufbau ähnliches FORTRAN-Programm erstellt, daß die Differentialgleichungssysteme (1) und (6) gemeinsam verarbeitet und dabei entsprechende Parameteranpassungen vornimmt. Als Bestand in der nutzereigenen Programmbibliothek (Lademodulbibliothek) erhielt es die Bezeichnung ISONIL.

Zunächst wurde versucht, in dem — wie erwähnt — überbestimmten Gleichungssystem (1) + (6) als zusätzliche Unbekannte die Größe $Q_A(0)$, für die bisher jeweils ein willkürlich gewählter Wert eingegeben worden war, zur Parameteranpassung freizugeben. Das Iterationsverfahren konvergierte dafür jedoch sehr schlecht, und die berechneten Kurvenzüge $\delta_i(t)$ der δ^{15}N-Werte liefen im Abstand von bis zu 1,3 ‰ an den für die Gegenwart gültigen Werten vorbei. Offenbar war es statt dessen notwendig, im Modell des ^{15}N-Kreislaufs einen bisher fixierten Parameter zur Unbekannten zu erklären und damit für die Anpassung freizugeben, um dem ^{15}N-Modell mehr Flexibilität in der Anpassung an die Wirklichkeit zu verschaffen.

Der rezente Stickstoffkreislauf weist aus, daß die größten Stickstoffströme einen „inneren Zyklus“ mit den Kompartimenten A, S und M bilden. Während $I_{SM} = 1{,}000$ als gesichert gelten kann, ist für I_{MA}, den Isotopieeffekt der Metamorphose, zwar das Werteintervall, nicht aber ein zuverlässiger Mittelwert bekannt. Es lag deshalb nahe, neben der bereits als Unbekannte in die Rechnung eingeführten Größe $\tilde{I}_{AS}$ auch I_{MA} zur Anpassung freizugeben und auf diese Art über den noch verbliebenen Freiheitsgrad des Systems (6) zu verfügen.

Für alle 9 Modellrechnungen, die — wie in Abschnitt 2 beschrieben — die zeitabhängige Verteilung des Gesamtstickstoffs (bzw. des ^{14}N) im globalen Kreislauf mathematisch simuliert hatten, wurden nun mit ISONIL zusätzlich die ^{15}N-Verteilungen berechnet. Dabei wurden die bereits mit NILAR erhaltenen Größen $Q_I(0)$, R_{UI}, k_{IS}, k_{MS} und $\tilde{k}_{AS}$ als Eingangsgrößen mit herangezogen. Die durch Anpassung mit dem Computerprogramm ISONIL erzielten Ergebnisse für $\tilde{I}_{AS}$, I_{MA}, δ_{UI} und die Anfangswerte $\delta_I(0)$ und $\delta_A(0)$ sind in Tab. 3 zusammengestellt; auch die Größe b wurde zu Vergleichszwecken nochmals mit angegeben.

Ebenso wie NILAR bietet auch das Programm ISONIL die Möglichkeit, mit den durch Fehlerminierung abgeschätzten Parameterwerten die zeitabhängige Entwicklung der Kompartimentgrößen, in diesem Falle von δ_I, δ_M, δ_S und δ_A, zu berechnen. Entsprechende Kurvenzüge für $b = 0{,}07$ zeigt Abb. 7.

Es folgen einige Bemerkungen zur Interpretation der berechneten Parameter, zunächst zu $\tilde{I}_{AS}$: Wie aus Abb. 2 ersichtlich ist, stellt der biologisch aktive Boden B ein kleines Stickstoffreservoir dar, durch das gegenwärtig im wesentlichen ein großer Stickstoffstrom von 10^8 bis 10^9 t/a hindurchfließt. Für die Stickstoffixierung wird angenommen, daß sie ohne Isotopieeffekt abläuft, wogegen der

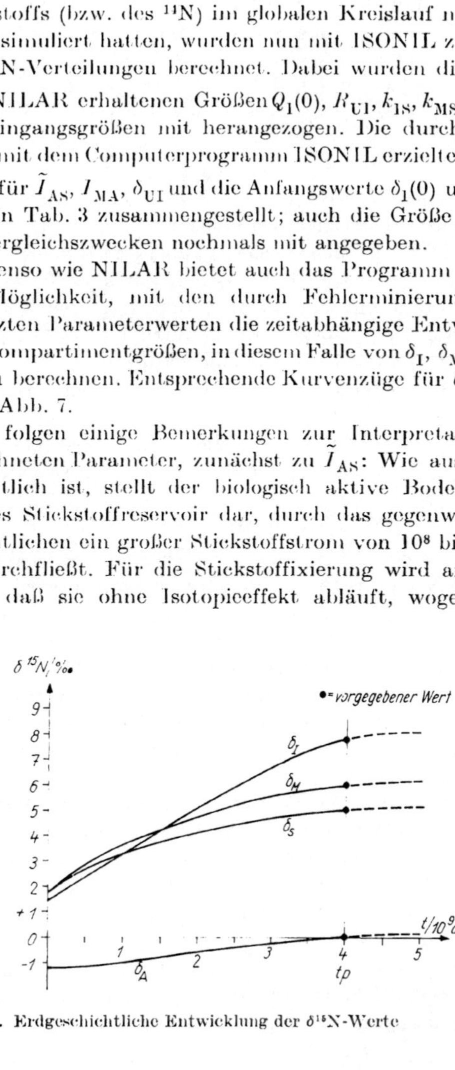

Abb. 7. Erdgeschichtliche Entwicklung der δ^{15}N-Werte

Tab. 3. Ergebnisse der Berechnung des Modells der Isotopenverteilung

Modellrechng. Nr.	b	$\tilde{I}_{AS} - 1$	$I_{MA} - 1$
		‰	
1	0	$+5,0 \pm 1,0$	$-1,4 \pm 1,1$
2	0,07	$+5,0 \pm 0,6$	$-1,4 \pm 0,7$
3	0,13	$+5,0 \pm 1,2$	$-1,4 \pm 1,1$
4	0,20	$+5,0 \pm 0,7$	$-1,4 \pm 0,6$
5	0,26	$+5,0 \pm 0,4$	$-1,4 \pm 0,3$
6	0,39	$+5,0 + 0,5$	$-1,4 \pm 0,3$
7	0,53	$+5,0 \pm 0,6$	$-1,4 \pm 0,4$
8	0,66	$+5,0 + 0,4$	$-1,4 \pm 0,2$
9	0,79	$+5,0 \pm 0,2$	$-1,4 \pm 0,3$

Fortsetzung Tab. 3

Modellrechng. Nr.	b	δ_{UI}	$\delta_I(0)$	$\delta_A(0)$
		‰ ^{15}N gegen Luft-Standard		
1	0	$7,4 \pm 1,6$	$1,3 \pm 0,1$	$-1,3 \pm 0,1$
2	0,07	$7,2 \pm 0,9$	$1,4 \pm 0,3$	$-1,2 \pm 0,3$
3	0,13	$7,3 \pm 0,9$	$1,6 \pm 0,6$	$-1,0 \pm 0,6$
4	0,20	$7,1 \pm 0,6$	$1,7 \pm 0,2$	$-0,9 \pm 0,2$
5	0,26	$7,0 \pm 0,4$	$1,8 \pm 0,2$	$-0,8 \pm 0,2$
6	0,39	$6,9 \pm 0,3$	$2,0 \pm 0,1$	$-0,6 \pm 0,1$
7	0,53	$6,8 \pm 0,2$	$2,2 \pm 0,1$	$-0,4 \pm 0,1$
8	0,66	$6,8 \pm 0,1$	$2,4 \pm 0,1$	$-0,2 \pm 0,1$
9	0,79	$6,7 \pm 0,2$	$2,4 \pm 0,1$	$-0,2 \pm 0,1$

Denitrifikation/N_2O-Bildung der Faktor $I_{BA} = 0,995$ zugeordnet wird [2]. Einer Untersuchung von *Wetzel* [16] zufolge bildet sich für ein solches Reservoir B nach relativ kurzer Zeit ein stationärer Zustand mit $\delta_B = \delta_A + 5$ ‰ heraus. Darauf hat der kleine Zufluß R_{SA}, der übrigens gegenwärtig auch einen Isotopenwert von $+5$ ‰ gegen Luftstickstoff aufweist, kaum einen Einfluß.

Für den ^{15}N-Austausch zwischen dem Boden und dem Kompartiment S der Sedimente entsprechend Abb. 2 läßt sich folglich — wenn man die rezenten Isotopenwerte $\delta_A = 0$ ‰, $\delta_B = +5$ ‰ und $\delta_S = +5$ ‰ verwendet —

$$R_{AS} \cdot 5\text{‰} - R_{SA} \cdot 5\text{‰} = \tilde{R}_{AS}(\tilde{I}_{AS} - 1) \qquad (10)$$

schreiben, wobei $\tilde{R}_{AS} = R_{AS} - R_{AS}$ bereits oben als Definition des Nettoflusses von A nach S eingeführt wurde. Aus Gleichung (10) berechnet man unmittelbar $\tilde{I}_{AS} - 1 = +5$‰.

Der aus der mathematischen Modellierung des Stickstoffkreislaufs resultierende Wert $\tilde{I}_{AS} = 1,0050 \pm 0,0007$ (vgl. Tab. 3) entspricht dem oben genannten und bestätigt damit zumindest die Differenz der für die Stickstoffixierung und die Denitrifikation angenommenen Isotopieeffekte.

Für den Stickstoffstrom von Kompartiment M nach Kompartiment A liefert die Modellrechnung den Isotopieeffekt bei der Metamorphose $I_{MA} = 0,9986 \pm 0,0006$. Dieser Wert entspricht etwa jenem, der aus experimentellen Untersuchungen für den gesamten Metamorphosebereich ermittelt wurde [8, 14].

Zum Ergebnis $\delta_{UI} \approx +7,0$ ‰ sei angemerkt, daß δ_{UI} laut Modell der δ-Wert des aus dem Oberen Mantel stammenden Stickstoffs bei seinem Eintritt ins Kompartiment der Magmatite ist. Da über den beim Aufsteigen des Stickstoffs aus dem Oberen Mantel wirkenden Isotopieeffekt nichts Sicheres bekannt ist, kann daraus nur bedingt auf die Isotopenzusammensetzung des Mantelstickstoffs geschlossen werden. Für $\delta_I(0)$, den δ^{15}N-Wert des Magmatitstickstoffs im Urzustand der Krustenentwicklung, liefert die Berechnung mit Werten zwischen $+1,3$ und $+2,4$ ‰ übrigens einen deutlich davon abweichenden Wert. Zu Vergleichszwecken sei am Rande festgestellt, daß die mit den Stickstoffmengen der 4 Kompartimente gewichtete Mittelung der δ^{15}N-Werte für den Zeitpunkt der Gegenwart $\bar{\delta} = +2,0$ ergibt.

Die Güte der Annäherung der vom Modell simulierten Zeitfunktionen an die eingegebenen Zahlenwerte für $t = t_p$ wird damit charakterisiert, daß die Abweichungen für die Stickstoffmengen $Q_i(t_p)$ im Bereich $1 \cdot 10^{10}$ bis $8 \cdot 10^{11}$ t (letzteres für Q_A) liegen, die Abweichungen für die δ^{15}N-Werte bei maximal 0,10 ‰ absolut.

4. Diskussion

Die Ergebnisse der Modellrechnungen zeigen, daß das Modell die zwischen den Reservoiren ablaufenden Prozesse im wesentlichen richtig zu beschreiben vermag. Es soll jedoch dabei betont werden, daß alle Interpretationen der dargestellten Modellrechnungsergebnisse nur in dem Grade Anspruch auf geowissenschaftliche Gültigkeit erheben können, in dem das zugrunde gelegte Modell der Wirklichkeit entspricht. Dazu gehört das Erfülltsein der eingangs formulierten Voraussetzungen, die zur Anwendung der Kompartimenttheorie berechtigen. Da das verwendete dynamische Modell viele Freiheitsgrade besitzt und — von einigen Anfangswerten abgesehen — nur an einen Wertesatz zur Zeit $t = t_p$ angepaßt wird, läßt sich zur Modellgüte (Adäquatheit) nur schwer eine Aussage machen. Das drückt sich auch darin aus, daß von den 9 ausgeführten Modellrechnungen ohne zusätzliche Information keine als der Wirklichkeit am besten angepaßt ausgewählt werden kann und somit die Frage nach dem „richtigen" Wert für b zunächst offen bleibt.

Es bleibt deshalb weiteren experimentellen Untersuchungen vorbehalten, die Richtigkeit des Modells zu prüfen. Das betrifft sowohl die bessere Absicherung der isotopischen Zusammensetzung der Reservoire Q_M und Q_I zum Zeitpunkt t_p als auch die Untersuchung der Größen δ_S, δ_M und δ_I in ihrer zeitlichen Entwicklung. Nach den Modellrechnungen ist für diese Größen ebenso wie für δ_A ein Ansteigen der δ-Werte von $t = 0$ bis t_p zu erwarten. Die Zeitabhängigkeiten $\delta_i(t)$ sollten sich durch die Untersuchung der isotopischen Zusammensetzung des Stickstoffs verschieden alter Gesteine dieser Reservoire bestimmen lassen. Aus der Kenntnis der zeitlichen Entwicklung von δ_S und δ_M in Verbindung mit der Abschätzung der zwischen und in diesen Reservoiren wirkenden Isotopieeffekte lassen sich dann auch Rückschlüsse auf die zeitliche Entwicklung von δ_A ziehen.

Veränderungen in der isotopischen Zusammensetzung des Stickstoffs in der Kruste einschließlich der Atmosphäre, die auf den Isotopenaustausch über R_{UI} bzw. R_{IU} mit dem Oberen Mantel zurückzuführen sind, vollziehen sich wegen der geringen Größe dieser beiden Ströme nur langsam. Man kann deshalb davon ausgehen, daß sich die Reservoire der Kruste und Atmosphäre gegenwärtig in einem quasistationären Zustand befinden [8].

Ebenso vollzieht sich aufgrund der Größe des Stickstoffreservoirs im Oberen Mantel eine Veränderung seiner isotopischen Zusammensetzung nur sehr langsam. Ein Zustrom von Stickstoff aus dem Oberen Mantel mit relativ großen positiven δ^{15}N-Werten führt zu einer allmählichen Verarmung dieses Reservoirs an ^{15}N und zu der bereits erwähnten Anreicherung der Kruste und Atmosphäre an ^{15}N.

Ein Zustrom aus dem Oberen Mantel von Stickstoff mit relativ großem positivem δ^{15}N-Wert, wie es die Modellrechnung ausweist, ließe sich damit erklären, daß im Oberen Mantel Nitride die vorherrschenden Stickstoffverbindungen sind. Der aus den Nitriden abgespaltene Stickstoff oder Ammoniak ist reicher an ^{15}N als das Nitrid, aus dem diese Stickstoffspezies hervorgegangen sind [5, 8]. Auf diese Art könnte der berechnete Wert für δ_{UI} auf in der Lithosphäre wirkende Isotopieeffekte zurückgeführt werden.

Herrn Dr. *E. Winkler* danken wir für das Überlassen der Programme, für das Erarbeiten zusätzlicher Programmteile und für die förderliche Zusammenarbeit.

Eingegangen am 29. 5. 1981
Überarbeitete Fassung am 1. 7. 1981

Literatur

[1] *K. Welzel*, ZfI-Mitteilungen **11** (1977) 18

[2] *K. Welzel, E. Winkler*, On the Isotopic Composition of Nitrogen in its Natural Cycle. Proc. 3rd Internat. Conference on Stable Isotopes, Oak Brook, Ill., May 23–26, 1978

[3] *E. Winkler, K. Welzel*, Isotopenpraxis **15** (1979) 77

[4] *D. Haendel, K. Mühle, H.-M. Nitzsche, G. Stiehl, U. Wand*, Bestimmung der Isotopenvariationen des Stickstoffs in basischen und ultrabasischen Gesteinen. Unveröffentlicht. Bericht, Oktober 1979

[5] *G. Stiehl*, Isotopieeffekte des Stickstoffs in Magmatiten. Unveröffentlicht. Fachbericht, Mai 1980

[6] *W. F. Wolynez, R. D. Gawrilin, N. L. Rao, B. R. Reddi, D. Haendel, G. Stiehl, U. Wand*, Vortrag auf der 2. Arbeitstagung „Isotope in der Natur", Leipzig, 5.–9. 11. 1979, ZfI-Mitteilungen **30** (1980) 277

[7] *G. Stiehl*, Zum Modell des Stickstoffkreislaufes I. Unveröffentlicht. Fachbericht, Juni 1979

[8] *G. Stiehl*, Die Untersuchung der Isotopenvariationen des Stickstoffs in Erdgasen, organischen Sedimenten, metamorphen und magmatischen Gesteinen als Beitrag zur Klärung der Genese des Stickstoffs in Kohlenwasserstofflagerstätten, insbes. im Rotliegenden der Altmark. Diss. B (Entwurf), Leipzig 1980

[9] *H. Rast*, Z. geol. Wiss. (Berlin) **6** (1978) 1345

[10] *G. Gass, P. J. Smith, R. C. L. Wilson*, Understanding the Earth. Cambridge 1971, Zit. in [9]

[11] *K. H. Wedepohl*, Nitrogen Cycle. In: Handbook of Geochemistry, Vol. II, Springer-Verlag, Berlin-Heidelberg-New York 1972, 701

[12] *A. A. Jaroshevskij*, Die Trennung der Elemente und Isotope in geochemischen Prozessen. Verlag Nauka, Moskau 1979, S. 15

[13] *E. Winkler*, Biometr. Z. **16** (1974) 259

[14] *D. Haendel, K. Mühle, G. Stiehl, U. Wand*, Vortrag auf der 2. Arbeitstagung „Isotope in der Natur", ZfI-Mitteilungen **30** (1980), 35

[15] *K. Welzel*, Isotopenpraxis **14** (1978) 408

[16] *K. Welzel*, Isotopenpraxis **14** (1978) 404

Distribution of Deuterium in Natural Iraqi Waters

K. Farjo, G. Haase), W. La'ith, S. Aziz*

(Chemistry Department, Nuclear Research Center, Tuwaitha, Baghdad, Iraq)

In this work, the deuterium content of several Iraqi water resources including precipitation is reported and discussed. The observed data are expressed as $\delta D[^0/_{00}]$-values. *Relatively large* δD*-variations were found for the precipitation investigated.*

Keywords

deuterium; hydrology; Iraq; isotope ratio; mass spectroscopy; natural waters

1. Introduction

Recently, the interest on data concerning regional and temporal variations of environmental isotopes in the hydrological cycle has been increased because of their relatively wide applications. Such data provide some useful information regarding the characterization of different waters, the kinetics of natural water systems, the correlation between water resources etc. Accordingly, the environmental isotope data of natural waters may throw some light on the phenomena influencing the hydrological cycle. In addition to common hydrological means, other factors may affect the hydrological cycle such as precipitation which is influenced by meteorological parameters. Therefore climatic changes may be indicated when environmental isotope data of precipitation are brought in correlation with meteorological events for relatively long time intervals.

In the present work, the variations of D-abundance, expressed as δ^{D}_{SMOW}, were determined and discussed for several natural Iraqi waters with special emphasis on precipitations.

2. Experimental

Samples were collected from several Iraqi water resources however precipitations were collected at Baghdad-Abu, Gharib, NRC and Arbil-Ain Qawa for each rainfalls; and for few rainfalls at Baghdad-Abu Gharib fractions were collected.

The collected samples were prepared for the high precision mass spectrometric D/H-analysis. Therefore the water of each sample was converted to molecular hydrogen. For this purpose water was reduced using turnings of uranium metal [1] in a special vacuum apparatus, however zinc [2] was used for the reduction of water for few samples. The produced hydrogen was collected on charcoal in a suitable tube at the boiling point of liquid nitrogen. The charcoal tube was then connected to the mass spectrometer, heated and the hydrogen evolved was introduced into the instru-

* Present address: Zentralinstitut für Isotopen- und Strahlenforschung, AdW der DDR-705 Leipzig, Permoserstr. 15

ment. The charcoal tube was then prepared for a new sample, therefore it was heated in vacuum for about one hour to remove the remaining hydrogen and traces of adsorbed water.

The high precision mass spectrometric D/H-measurements were performed on the introduced hydrogen gas; the procedure of the performed D/H-measurements is based upon the comparison of the D/H-value of a sample with that of a standard. The precision of the measurement was controlled at least once a day using two standards, therefore V-SMOW and LLWS — an internal standard of the ZfI, AdW der DDR — were mainly used. The D/H-measurements were carried out on Varian MAT 230-mass spectrometer.

Results and Discussion

Since the present work is of an introductory character, the samples collected were taken from several Iraqi water resources including surface and underground waters and precipitations. The precipitations were collected systematically at three locations: Baghdad-NRC; Baghdad-Abu Gharib and Arbil-Ain Qawa. The results of the analyzed samples are given in the Tables 1, 2 and 3; the ranges of the $\delta_{D_{SMOW}}$ (shortly expressed, δ_D)-variations observed are shown in Fig. 1.

Tab. 1. δ_D-values of the precipitations collected in Baghdad-Abu Gharib

Date	δ_D-value
13. 3. 79	38·3 ± 1·3
26. 3. 79	−58·3 ± 1·04
6. 5. 79	35·5 ± 1·3
9. 5. 79	43·35 ± 0·85
25. 5. 79; 23^{30}	66·5 ± 1·1
26. 5. 79; 0^{30}	2·9 ± 1·3
26. 5. 79; 1^{00}	15·3 ± 0·4
26. 5. 79; 1^{30}	17·0 ± 0·4
30. 5. 79; 18^{10}	56·2 ± 0·46
30. 5. 79; 19^{25}	17·8 ± 2·2
3. 6. 79; 17^{55}	59·96 ± 1·2

Tab. 2. δ_D-values of the precipitations collected in Arbil-Ain Qawa

Date	δ_D-value
27. 2. 79	23·6 ± 0·9
9. 3. 79	−96·0 ± 0·09
10. 3. 79	−33·7 ± 0·13
14. 3. 79	23·6 ± 0·86
21. 3. 79	11·3 ± 0·43
24. 3. 79	−67·9 ± 0·86
26. 3. 79	−48·3 ± 1·5
27. 3. 79	−30·37 ± 0·43
9. 4. 79	19·5 ± 0·33
5. 5. 79	19·6 ± 0·06

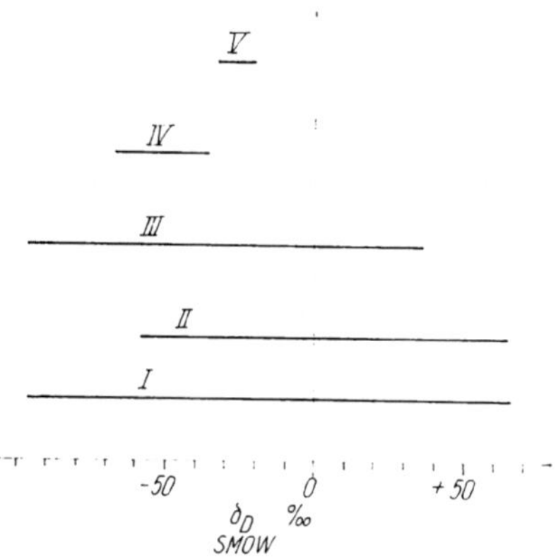

Fig. 1. D-variation of several Iraqi waters
I — Precipitation (Baghdad and Arbil); II — Precipitation (Baghdad); III — Precipitation (Arbil); IV — Rivers; V — Underground waters

Considering Fig. 1, it is found that the ranges of the δ_D-variations within the precipitations analyzed (I, II and III in Fig. 1) is relatively large as compared with other waters investigated (IV and V in Fig. 1); they are even larger than those observed for precipitations elsewhere [3]. The absolute $\Delta\delta_D$ of the precipitations investigated were in particular: 124·8, 119·6 and 162·5 for the precipitations Baghdad-Abu Gharib, Arbil-Ain Qawa and both respectively (see II, III and I in Fig. 1). Thereby the δ_D-values of Baghdad-Abu Gharib-precipitations are in general

Tab. 3. δ_D-values of several Iraqi waters

	Water source	Type of the source	Date of sampling	Location of sampling	δ_D-value
1.	Tigris	river	10. 3. 79	~20 km to the south of Baghdad	−48·8 ± 2·3
2.	Tigris	river	10. 3. 79	Mada'in near the Arch of Ctesiphon ~40 km to the south east of Baghdad	−45 ± 1·6
3.	Euphrates	river	11. 5. 79	Babylon ~100 km to the south of Baghdad	−48·1 ± 1·4
4.	Diala	river	10. 3. 79	~20 km to the east of Baghdad	−33·6 ± 0·9
5.	Low Zaab	river	22. 3. 79	Alton Copry ~270 km to the north of Baghdad	−52·9 ± 0·52
6.	High Zaab	river	21. 3. 79	Aski Kalak ~330 km to the north of Baghdad	−67·3 ± 1·04
7.	Sulaf	water fall	2. 6. 79	~430 km to the north west of Baghdad	−48.0 ± 0·6
8.	Ain Qawa	underground water	21. 3. 79	~330 km to the north of Baghdad	−33·0 ± 1·4
9.	Akhedher	underground water	25. 5. 79	~150 km to the south west of Baghdad	−21·2 ± 0·6
10.	Sh'thatha	underground water	25. 5. 79	~130 km to the south west of Baghdad	−24·0 ± 2·6

higher than those of Arbil-Ain Qawa, which may be due to climatic conditions (e.g. temperature of the region: the temperatures in Baghdad (middle Iraq) are in general higher as compared with those in Arbil (northern Iraq), however the absolute $\Delta\delta_D$-values of both locations are almost similar (see II and III in Fig. 1). Nevertheless the δ_D-values observed show that the deuterium content of precipitation increases from the north to the middle and also increases in going from winter to summer.

However, the results showed that the observed δ_D-values of precipitation have, to a certain extent, a complicated character, thus remarkable δ_D-differences were found by precipitation samples collected from the same precipitation at different locations in Baghdad:

Date of precipitation	δ_D	
	Abu Gharib	NRC
13.3.79	38.0 ± 1·3	4·2 ± 0·5
26.3.79	−58·0 ± 1·04	−11·6 ± 1·4

Furthermore it was found, that the δ_D-values may change ven during the same precipitation at the same collecting ocation. The obtained δ_D-values of the fractions collected show relatively large variations (see Tab. 1), where the δ_D-values of the first fraction was higher as compared with the fractions that followed; which may be due to the amount effect [4]. The δ_D-value reaches a minimum by the second fraction, then a slight δ_D-increase was observed for the last fractions (see Tab. 1; precipitations: 25/26 and 30·5·79). It seems probably that the first fraction of each precipitation may undergo a strong vaporization, which affect a remarkable HDO-enrichment of the falling precipitation coupled by a contemporary HDO-depletion of the produced water vapour. As the precipitation continues, the vaporization decreases according to the increase of the relative humidity produced by the first precipitation fraction. However, each second fraction is exclusively HDO-depleted (see Tab. 1) which may be due to the isotope exchanges between the precipitation forming the second fraction and the highly depleted water vapour produced during the falling of the first fraction. In addition to the above mentioned, some of the water vapour produced during the fall of the first fraction may condense according to the decrease of the air temperature affected by the partial vaporization of precipitation; the water produced hereby will contribute to make the δ_D-value of the second fraction lower as compared with that of the first one. The δ_D-values of the latter fractions are lower than the value of the first fraction and higher than that of the second one. However, the δ_D-changes of the last fractions are slight; it seems hereby that a stationary state is achieved.

The above picture of the δ_D-changes of precipitation is most likely due to the existing conditions. Thus the values of the relative humidity may become less than 20% and the air temperature may exceed 35 °C. Accordingly it will be not simple to find the origin of vapours forming the investigated precipitations. Further detailed work is required therefore, which will be directed towards establishing a model of the conditions related to the precipitation process in the investigated regions. This is essential particularly because it may throw some light on different phenomena influencing the precipitation process e.g. the amount effect [4], the effect of atmospheric temperature [5–8] and the fractional collection of precipitation [6].

The range of δ_D-values for rivers is shown as IV in Fig. 1; the observed values for the particular rivers investigated are listed in Tab. 3. Thereby Tigris and Euphrates show similar $\delta/_D$ values due, probably, to the similarity of their riverheads, course and the location of sample collections: Baghdad for Tigris and Babylon for Euphrates. On the other hand the δ_D-values of higher Zaab, lower Zaab and Diala show relatively large differences although the riverheads of these rivers are located in almost the same region; therefore the precipitation at riverhead and the flow conditions of the rivers are most likely responsible for this diversity. Furthermore it is interesting to find that the contribution of Diala in Tigris was about 19% at the date of sampling (10·3·79) as calculated from the δ_D-values of Tigris and Diala (1, 2 and 4 in Tab. 3).

The observed δ_D-values for the collected underground waters are listed in Tab. 3; they show a remarkable increase as expected in going from the north to the south, however further investigations are required to get clear picture if the D-distribution within the Iraqi underground waters.

Received January 28, 1981

References

[1] *J. Bigleisen, M. L. Perlman, H. C. Prosser,* Anal. Chem. **24** (1952) 1356

[2] *I. Friedman,* Geoch. Cosmoch. Acta **4** (1953) 89

[3] Environmental Isotope Data, World Survey of Isotope Concentration in Precipitation, No. 1–5 IAEA, Tech. Rep. Ser. No. 96, 117, 129, 147, 165

[4] *W. Dansgaard,* Tellus **19** (1964) 435

[5] *H. Craig, L. I. Gordon, Y. Horibe,* J. Geophys. Res. **68** (1963) 5079

[6] *A. Nier,* Geophys. Monograph No. 11, Am. Geophys. Union, Washington D. C., 1967, 109–16

[7] *R. Gonfiantini,* Notes on Isotope Hydrology IAEA, Vienna, May 1971

[8] *R. Gonfiantini,* Monograph on Stable Isotope Hydrology, Chapter 2: Techniques of measuring stable isotope variation in natural waters, IAEA, Vienna

[9] *S. Matsuo, I. Friedman,* J. Geophys. Res. **72** (1967) 109

Kurze Originalmitteilungen

Концентрирование микроэлементов из термальных рассолов полуострова Челекен с помощью пенной флотации

В. Чосновска, Э. Лангрок, О. Д. Маслов

(Обединенный институт ядерных исследовании лаборатория ядерных реакций)*)

Keywords

foam separation; natural waters; radioisotopes; separation processes; thermal springs; trace amounts; transition elements

В работах [1, 2] сообщалось о наблюдении спонтанно-делящейся активности, предположительно относящейся к области сверхтяжелых элементов (СТЭ), в термальных рассолах п-ва Челекен. Определение концентрации СТЭ в этих рассолах невозможно из-за отсутствия достаточно чувствительных методов анализа. Поэтому необходимо проводить предварительное концентрирование СТЭ. По нашему мнению перспективным должен быть метод, позволяющий извлекать из больших объемов растворов одновременно катионы, анионы, нерастворимые и коллоидные частицы элементов, которые могут быть аналогами СТЭ. Этим требованиям отвечает пенная Флотация [3, 4, 5], достаточно полно изученная для концентрирования микроэлементов из морской воды [6, 7, 8, 9], сбросных производственных растворов [4]. В литературе отсутствуют данные по пенной флотации из термальных рассолов с концентрацией солей до 260 *г/л*.

В данной работе изучалось концентрирование ряда элементов из термальных рассолов п-ва Челекен с применением этого метода.

Экспериментальная часть

На рис. 1 схематически показана флотационная установка. Воздух, насыщенный парами воды в барботере 2, подавался в разделительную колонку 4 диаметром 40 *мм* и высотой 150 *мм* микронасосом I через стеклянный фильтр 5 с диаметром пор 5—15 *мкм*. Расход воздуха измерялся ротаметром 3.

В челекенский рассол объемом 50 *мл* вводились исследуемые изотопы в безносительных количествах. Для установления изотопного равновесия раствор выдерживался в течение 24 часов. Затем в раствор добавлялось железо в количестве 40 *мг/л* и проводилось осаждение гидроокислов железа при контролируемом *p*H. *p*H раствора устанавливался с помощью универсального иономера ЭВ-74 с точностью ±0,25 *p*H. После осаждения гидроокислов железа к раствору добавлялся 1 *мл* 1% раствора желатины. Смесь перемешивалась в течение 5 *мин*. Затем раствор помещался во флотационную колонку и через него пропускался воздух со скоростью 10 *мл/мин* в продолжении 5 *мин*.

Для определения величины флотационного разделения элементов измерялась активность растворов до и после проведения пенной флотации полупроводниковым Ge(Li)-многоканальным спектрометром γ-излучения.

В работе использовались радиоактивные изотопы ^{200}Tl, ^{203}Pb, ^{104}Bi, $^{188,189}Pt$, $^{186,188}Ir$, ^{185}Os, ^{99}Mo. Такой

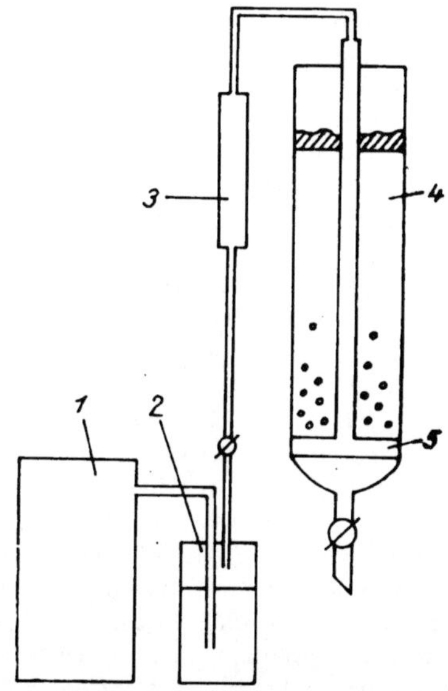

Рис. 1. Схема флотационной установки

набор изотопов дает возможность исследовать в процессе флотации элементы с валентными состояниями от 1 до 6, находящимися в рассоле в различных химических состояниях.

^{99}Mo (продукт деления), ^{200}Tl, ^{203}Pb, ^{204}Bi получались путем облучения мишени из золота $^{188,189}Pt$ $^{186,188}Ir$ — мишени из тантала ионами ^{12}C с энергией 110 *МэВ*, ^{185}Os — мишени из вольфрама ионами ^{4}He с энергией 36 *МэВ* на ускорителе У-200.

Концентрирование радиоизотопов производилось извлечением макрокомпонентов из растворов. Золото извлекалось селективной экстракцией ТБФ из раствора 2N HNO_3 [10], тантал — МУБК из раствора 2,7 N HF [11]. Осмий концентрировался возгонкой из мишени.

*) Verfaßt anläßlich des 25jährigen Bestehens des Vereinigten Instituts für Kernforschung

*) Адрес: Head Post Office P. O. Box 79, 101000 Moskau, UdSSR

Результаты и обсуждение

На основании литературных данных [3, 4, 5] невозможно было выбрать органический коллектор, который эффективно переводил бы в пену гидроокислы железа из термального рассола в диапазоне *p*H 3—8. Поэтому предварительно проводилась работа по выбору органического коллектора. В опытах на рассоле с п-ва Челекен были опробованы аниониты: додецилбензилдиэтилтриаминтетрауксусная кислота [12] (ДБДТТК) — чда., олеиновая кислота-ч., [5] додецил сульфат натрия [6, 7, 9, 13, 14], (СДNa)-чда., катионит: гексилдецилдиметилбензиламмоний хлорид [15] (ГДМБАСl)-чда., амфолит: желатина [4].

В табл. 1 даны результаты этих опытов. Коллектором, флотирующим гидроокислы железа в широком диапазоне *p*H из рассолов оказалась желатина, поэтому она использовалась в дальнейших опытах.

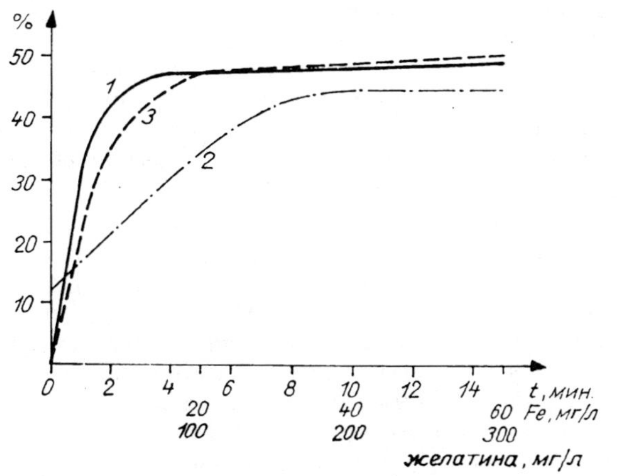

Рис. 2. Зависимость извлечения пенной флотацией при *p*H 7 платины и иридия от времени пропускания воздуха через раствор — кривая 1; концентрации железа — кривая 2; желатины — кривая 3

Для определения условий пенной флотации исследовалось извлечение микроэлементов из растворов в зависимости от времени пропускания газового потока, концентрации железа и желатины, *p*H раствора. На рис. 2 даны результаты по извлечению платины и иридия в зависимости от времени пропускания воздуха через раствор — кривая 1, концентрации железа — кривая 2 и желатины — кривая 3 при *p*H 7. Из рис. 2 следует, что увеличение времени пропускания воздуха более 5 *мин*. количество платины и иридия, перешедших в пенный продукт, не увеличивается. Увеличение концентрации железа более 40 *мг/л* и желатины — 200 *мг/л* также не приводит к увеличению извлечения из раствора платины и иридия. Необходимо отметить, что при большем содержании желатины увеличивается количество образующейся пены. Это замедляет процесс извлечения платины и иридия, так как требуется больше времени для перевода в пенный продукт гидроокислов железа, и приводит к увеличению извлечения основного раствора в пену. При концентрации желатины 200 *мг/л* флотация осадка завершается за 5 *мин*, пена при этом практически отсутствует. Объем пенного продукта не превышает 1% от общего объема раствора.

Полученные результаты совпадают с литературными данными по извлечнию микроэлементов с помощью пенной флотации из растворов различного состава с использованием в качестве коллектора желатины [4, 16, 17].

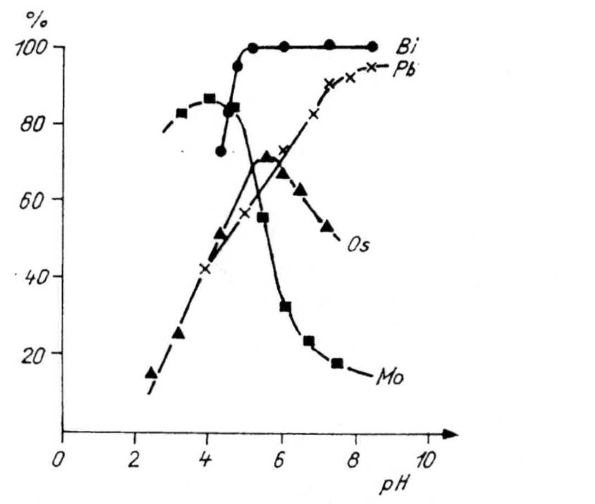

Рис. 3. Зависимость извлечения пенной флотацией молибдена, осмия, свинца, висмута от *p*H. Коллектор — желатина

Из результатов опытов, представленных на рис. 3, 4, 5 следует, что извлечение исследуемых элементов зависит от *p*H растворов. В рассматриваемом случае *p*H раствора является определяющим признаком, т. к. влияет на состояние элементов в растворе, поведение их гидролизных форм, на величину и знак заряда как коллектора, так и различных неорганических частиц. Известно [4], что флотация осадков наиболее эффек-

Табл. 1. Результаты опытов по пенной флотации гидроокислов железа различными коллекторами в зависимости от *p*H раствора

Ю пп	Коллектор	*p*H раствора 2	3	4	5	6	7	8	9
1.	ДБДТТК				+	—	—	—	
2.	Олеиновая кислота			+	+	—	+	+	
3.	СДNa	—	+	+	+	—	—	—	
4.	ГДМБАСl		—		+	—	—	—	
5.	Желатина	+	+	+	+	+	+	+	

Примечание: (+(— осадок флотируется,
(—) — осадок не флотируется

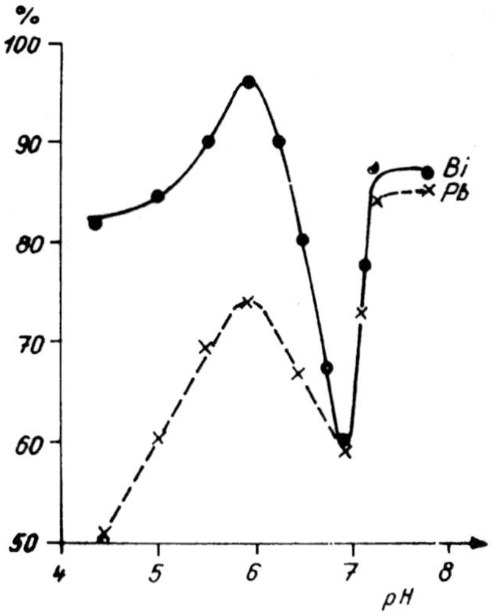

Рис. 4. Зависимость извлечения пенной флотацией свинца, висмута от *p*H. Коллектор — олеиновая кислота

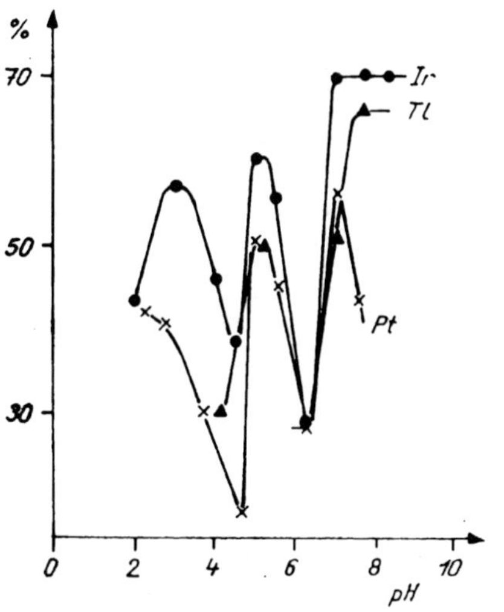

Рис. 5. Зависимость извлечения пенной флотацией иридия, платины, таллия от *p*H. Коллектор — желатина

тивна при их наименьшей растворимости и, когда заряды осадков и коллектора противоположны по знакам.

Извлечение микроэлементов флотацией гидроокислов железа происходит в результате нескольких процессов. Это сорбция и соосаждение микроэлементов на гидроокислах железа, что определяется величиной *p*H их осаждения, флотация ионов и коллоидных форм элементов. Так, например, висмут в диапазоне *p*H 4—5 сорбируется на гидроокислах железа, а при *p*H 5 и выше соосаждается с ними (см. рис. 3). Соосаждение наблюдается в том случае, когда достигается *p*H начала осаждения гидролизных форм элементов, равных для железа — 2, 3, висмута — 5, свинца — 7, 8 [18]. Такой же характер поведения в процессе флотации мы наблюдаем для свинца, т. е. сорбция при *p*H 4—8 и соосаждение выше *p*H 8. Для сравнения на рис. 4 приведены результаты по пенной флотации висмута и свинца с другим коллектором — олеиновой кислотой. Олеиновая кислота является анионитом и в диапазоне *p*H 3—7 взаимодействует с положительно заряженными частицами, ионами, комплексами. При *p*H 6—7 находится изоэлектрическая точка гидроокиси железа, знак заряда ее поверхности изменяется с положительного на отрицательный. Олеиновая кислота в этой области не флотирует осадок. Увеличение извлечения свинца и висмута при *p*H 7,2 возможно объясняется загрязнениями, присутствующими в применяемом техническом продукте — олеиновой кислоте.

Результаты по извлечению молибдена из исследуемого раствора пенной флотацией совпадают с данными по сорбции [7] на гидроокислах железа из морской воды. В данном случае отрицательно заряженные ионы молибдата (MoO_4^{2-}) взаимодействуют с положительно заряженными частицами гидроокислов железа.

Максимальное извлечение осмия-IV в пенный продукт происходит при *p*H 5. Такой же максимум извлечения коллоидных форм рутения-IV желатиной был получен в работе [19]. На основании этого сравнения можно высказать предположение, что в пенную фракцию переносятся коллоидные формы осмия-IV. Извлечение вышерассмотренных элементов желатиной в качестве пенообразователя в зависимости от *p*H растворов идентично сорбции их на гидроокислах железа, что отмечалось и в работе [20]. По-видимому, это относится к тем элементам, которые не образуют комплексных соединений с желатиной.

Более сложная картина поведения наблюдается для платины, иридия, таллия, имеющих различные валентные состояния и образующих разнообразные комплексные формы в растворах. На рис. 5 представлены результаты по извлечению платины, иридия, таллия пенной флотацией из челекенских рассолов в зависимости от *p*H. Максимумы на кривой извлечения платины и иридия при *p*H 2,3 возможно связаны с образованием соединений желатины с комплексными формами этих элементов [6], которые могут образовываться при содержании ионов хлора в рассоле, равном 4, М [1]. Максимум при *p*H 5 можно отнести к коллоидным формам платины-IV, иридия-IV, которые взаимодействуют с желатиной аналогично гидролизным формам рутения-IV [19]. Увеличение извлечения при *p*H 6,9 для платины, иридия, таллия объясняется соосаждением гидролизных форм этих элементов с гидроокислами железа. Минимум на кривой извлечения элементов при *p*H 4,7 соответствует изоэлектрической точке желатины, которая изменяет заряд с + на —. Перезарядка гидроокислов железа происходит в районе *p*H 6,2. В этой точке наблюдается второй минимум извлечения элементов. В дальнейшем мы предполагаем более подробно изучить взаимодействие желатины с таллием, осмием, иридием, платиной в термальных рассолах.

Пенная флотация исследованных элементов проводилась при различных температурах раствора. В диапазоне 20 °C — 80 °C процент извлечения элементов не изменялся.

Из представленных данных следует, что пенная флотация с использованием в качестве коллектора желатины позволяет извлекать из термальных рассолов и концентрировать в малом объеме элементы, находящиеся в растворе в виде комплексов, коллоидных форм, сорбированных или соосаждаемых на гидроокислах металлов. Изменяя *p*H среды можно производить как селективное, так и совместное извлечение элементов.

Выводы

1. Показана возможность концентрирования микроэлементов из термальных рассолов п-ва Челекен с помощью пенной флотации при использовании в качестве коллектора желатины.

2. Исследовано поведение таллия, свинца, висмута, молибдена, осмия, платины, иридия в процессе пенной флотации из термальных рассолов в зависимости от *p*H.

Авторы выражают глубокую благодарность академику *Г. Н. Флерову* за постановку данной работы и постоянную поддержку, член-корреспонденту АН ЧССР *И. И. Зваре* за обсуждение результатов.

Поступила в редакцию 24/III, 1981г.

Литература

[1] *Ю. Т. Чубурков* и др., Радиохимия **16** (1974) 524
[2] *G. N. Flerov* et al., Z. Physik **292** (1969) 43
[3] *F. Sebba*, Ion Flotation. Elsevier Publ. Comp. Amst-L-NrY. 1962
[4] *В. В. Пушкарев, Ю. В. Егоров, Б. Н. Хрусталев*, Осветление и дезактивация сточных вод пенной флотацией. Атомиздат, М. 1969
[5] *P. Somasundaran*, Separ. Pur if. Meth. **1** (1972) 117
[6] *Y. S. Kim*, Zeitlin H. Anal. Chem **43** (1971) 1390
[7] *Y. S. Kim*, Zeitlin H. Separ. Sci. **6** (1971) 505
[8] *Y. S. Kim*, Zeitlin H. Separ. Sci **7** (1972) 13
[9] *F. E. Chaine, H. Zeitlin*, Separ. Sci **9** (1974) 1
[10] *З. И. Николотова, Н. А. Карташева*, Справочник по экстракции. Экстракция нейтральными органическими соединениями, т. I., Атомиздат, М. 1976, с. 520
[11] *O. Z. Grossman*, Analit. Chem. **245** (1969) 135
[12] *С. Ф. Кузькин, А. М. Гольман*, Флотация ионов и молекул, Недра, М. 1971, с. 88
[13] *C. Matsuzaki, H. Zeitlin*, Separ. Sci. 8 (1937) 185
[14] *R. B. Grieves*, Bhattacharyya, Nature **207** (1965) 476
[15] *R. B. Grieves, W. Charewicz, P. J. W. The*, Separ. Sci **10** (1975) 77
[16] *В. В. Пушкарев* и др., Радиохимия **1** (1959) 709
[17] *С. Г. Мокрушин*, Бюл. ВХО им. Д. И. Менделеева. **1953, 2**, с. 26
[17] Справочник химика, т. IУ, Химия, Л. 1967, с. 57
[19] *F. Kepâk, J. Křivá*, Separ. Sci. 5 (1970) 385
[20] *В. В. Пушкарев*, В кн. Радиохимические методы определения микроэлементов. Наука, М.-Л. 1965, с. 124

Synthese partiell deuterierter Olefine Darstellung von trans-Stilben-D_{10} und Penten-(1)-4,4,5,5,5-D_5

B. Lorenz, K.-H. Heinrich, M. Herrmann, G. Möbius

(AdW der DDR, Zentralinstitut für Isotopen- und Strahlenforschung)[1]

Keywords

alkenes; deuterium compounds; labelled compounds; synthesis

Partiell deuterierte Olefine sind nicht nur für mechanistische Untersuchungen von Interesse, sondern sie können auch als Ausgangsstoffe für Synthesen höherer Olefine mit unterschiedlicher Anzahl von Deuteriumatomen benutzt werden.

Trans-Stilben-D_{10} entsteht neben anderen Reaktionsprodukten bei der Thermolyse von Benzaldazin-D_{10}, das aus Benzaldehyd-D_5 und Hydrazinhydrat gewonnen wurde [1].

Wir fanden einen neuen und effektiveren Syntheseweg für trans-Stilben-D_{10}, der mit guter Ausbeute nur zu einem Produkt hoher isotoper Reinheit führte. Danach wurde Benzaldehyd-D_6, dargestellt aus Toluol-D_8 über Benzalchlorid-D_6, zu Benzoin umgewandelt und letzteres mit Zinkamalgam und Salzsäure zu trans-Stilben-D_{10} reduziert. Hierbei ist bemerkenswert, daß das gebildete Benzoin unter den gewählten Versuchsbedingungen bereits zu über 90% als D_{10}-Verbindung vorlag, was eindeutig für die gute Austauschfähigkeit des am asymmetrischen Kohlenstoffatom der Molekel gebundenen Deuteriums spricht.

Wir fanden weiterhin, daß partiell deuterierte Olefine der aliphatischen Reihe mit hoher isotoper Reinheit durch Umsatz deuterierter *Grignard*verbindungen mit Allylbromid synthetisiert werden können. Die Darstellung des oben genannten Penten-(1) erfolgte aus Ethylmagnesiumbromid-D_5 und Allylbromid in Di-n-butylether in einer etwas modifizierten Form der Synthese der unmarkierten Verbindung [2, 3].

[1]) Anschrift: 7050 Leipzig, Permoserstraße 15

Experimentelles

Die Aufnahme der Massenspektren erfolgte mit einem Massenspektrometer VARIAN MAT CH 6 über Direkteinlaß; Penten-D_5 über den geheizten Gaseinlaß. Die Isotopenhäufigkeitsbestimmung erfolgte am Molekülion mit einem Fehler von $\pm 0{,}1\%$.

Darstellung von Benzoin (Gemisch von -D_{10} und -D_{11})

Die Reaktionsmischung von Benzaldehyd-D_6 (60 g; D = = (99,8 ± 0,1) %), 150 ml Ethanol, Kaliumzyanid (12 g) und 30 ml Wasser wurde 20 Minuten auf dem siedenden Wasserbad am Rückfluß erhitzt. Beim Abkühlen schied sich das gebildete Benzoin ab und wurde aus Ethanol umkristallisiert.

Ausbeute: 48 g (80%) Fp. 407 K

Im Massenspektrum traten im Molekülion-Bereich nur die Massenzahlen 222 (D_{10}-Verbindung) und 223 (D_{11}-Verbindung) auf und zwar zu 91,8% bzw. 8,2%.

Darstellung von trans-Stilben-D_{10}

Sie erfolgte nach der in der Literatur beschriebenen Methode für die unmarkierte Verbindung [4].

Aus 36 g Benzoin wurden 17 g (55%) trans-Stilben-D_{10} erhalten. Fp. 397 K

Im Massenspektrum war im Molekülion-Bereich nur die Massenzahl 190 (Stilben-D_{10}) nachweisbar, höhere Massenzahlen waren nicht vorhanden.

Der Gesamtdeuteriumgehalt betrug D = (99,8 ± 0,1) %.

Darstellung von Penten-(1)-4,4,5,5,5-D_5

57 g Ethylbromid-D_5 (0,5 Mol; D = (99,5 ± 0,1) %), in 80 ml Di-n-butylether gelöst, wurden innerhalb 3 Stunden unter Rühren zu 13,2 g Magnesiumspänen in 80 ml Di-n-butylether zugetropft. Die Reaktionsmischung wurde eine Stunde nachgerührt und anschließend wurde unter Stickstoff vom überschüssigen Magnesium abfiltriert. Zum Filtrat wurden nun 54,5 g Allylbromid (0,45 Mol), in 35 ml Di-n-butylether gelöst, innerhalb 3 Stunden so zugetropft, daß die Innentemperatur immer im Bereich zwischen 288 und 293 K blieb (gegebenenfalls kühlen!). Der weiße, dickflüssige Brei wurde mit 500 ml gesättigter Ammoniumchloridlösung vorsichtig unter Kühlung versetzt, die organische Schicht abgetrennt und mit Natriumsulfat getrocknet. Das gebildete Penten-(1) wurde über eine *Vigreux*-kolonne direkt aus der etherischen Phase abdestilliert und anschließend an einer Mikrodrehbandkolonne mit einer wirksamen Kolonnenlänge von 100 cm destilliert.

Ausbeute: 17 g (50%); Kp. 302–303 K; D = (99,5 ± ± 0,1) %.

Eingegangen am 29. 4. 1981

Literatur

[1] *N. P. Buu-Hoi, G. Saint-Ruf*, Bull. Soc. chim. Fr. **1968**, 661

[2] *C. D. Hurd, G. H. Goodyear, A. R. Goldsby*, J. Amer. chem. Soc. 58 (1936) 235

[3] *B. A. Kazanskie*, Z. obsv. Chim. **17** (1947) 1503

[4] Organic Syntheses Coll. Vol. 3, John Wiley & Sons, Inc., New York 1955, 786

Informationen

Welt. Die Association of Engineering Geologists (AEG), der rund 3500 Geologen aus verschiedenen Ländern angehören, hat vor kurzem in einer Erklärung festgestellt, daß es auf Grund der heute vorhandenen Erkenntnisse möglich ist, radioaktive Abfälle zuverlässig einzuschließen und in tiefgelegenen geologischen Formationen sicher einzulagern. Ferner wurde erklärt, daß die notwendigen wissenschaftlichen und technischen Voraussetzungen zur Abgrenzung geeigneter Regionen und zur Einrichtung sicherer Lagerstätten erarbeitet worden sind und weiterentwickelt werden. Die derzeit als gesichert geltenden Kriterien würden es bereits heute ermöglichen, eine Auswahl für zuverlässige Lagerungsorte zu treffen.

BRD. Im Institut für Nukleare Entsorgungstechnik des Kernforschungszentrums Karlsruhe wurde ein neues endlagerungsfähiges keramisches Matrixmaterial entwickelt, das den Einschluß plutoniumhaltiger radioaktiver Rückstände ermöglicht. Die radioaktiven Abfallösungen werden mit Kaolin, Feldspat und Quarz gemischt; anschließend erfolgt eine Sinterung bei ca. 1300 °C, die ein thermodynamisch stabiles Produkt ergibt, bei dem keine inneren Gefügeumwandlungen zu erwarten sind. Die Auslaugraten für Plutonium, die an verschiedenen derartigen Keramikprodukten bestimmt wurden, liegen in der gleichen Größenordnung wie bei verglasten radioaktiven Abfällen. Für die Entwicklungsarbeiten, die im Rahmen eines Forschungsvertrages mit der EG erfolgten, wurden bisher rd. 2,5 Mill. DM aufgewendet.

Schweiz. Der Nationalen Genossenschaft für die Lagerung radioaktiver Abfälle (NAGRA) wurden auf einer außerordentlichen Generalversammlung in Bern Rahmenkredite von insgesamt 12,4 Mill. sFr bewilligt. In dieser Summe, die um 50% höher liegt als 1980, sind die Kosten für geplante geophysikalische Messungen und Probebohrungen nicht enthalten. Die genannten Kredite sollen für Arbeiten auf den Gebieten Sicherheitsanalyse, Rückstandstechnologie, Geologie, Bautechnik, internationale Zusammenarbeit und Information eingesetzt werden.

UdSSR. Nummer 4/1981 der Zeitschrift „Atomnaja Energija“ enthält u. a. folgende Beiträge:

Probleme bei der Schaffung von Systemen für den Schutz der Umwelt und der Gesundheit der Bevölkerung (*J. I. Worobew, W. J. Resnitschenko*);

Lösung von Fragen der Sicherheit schneller Reaktoren mit Flüssigmetall-Wärmeträger auf verschiedenen Stufen ihrer Entwicklung (*L. A. Kotschetkow* u. a.);

Katodenprozesse bei der Elektrolyse von Chloridschmelzen, die Oxidverbindungen des sechswertigen Urans enthalten (*W. J. Komarow* u. a.);

Kurze Originalmitteilungen:

Einfluß nichtstationärer Regimes auf die Porenbildung in Nickel bei der Bestrahlung mit Ni^{+}-Ionen (*S. J. Lebedew* u. a.);

Untersuchung der Effektivität der Reinigung des Wärmeträgers des RBMK-1000 von Transuranelementen (*A. M. Worobew, N. P. Starodonowa*);

Messung des Neutronenspektrums der mit einer ^{252}Cf-Quelle ausgestatteten Anlage UKPN-1M (*S. N. Baikalow* u. a.);

Berechnung von Vielfachstößen von Neutronen bei der Untersuchung der Selbstabschirmung von Proben (*W. F. Mamontow, W. A. Dulin*);

Mittlere Wirkungsquerschnitte von Nukliden mit prompten Spaltneutronen (*B. I. Starostow, L. N. Kudrjaschow*).

Ungarn. Im Zentralinstitut für Physik (Budapest) wurden die Intensitäten der Röntgen-K-Linien gemessen, die bei der Bestrahlung von dünnen P-, S-, Cl-, K-, Ni-, Cu- und Ga-Targest mit Deuteronen im Energiebereich von 1,6 – 4,0 MeV auftreten. Aus den erhaltenen Werten wurden die Bildungsquerschnitte der Röntgenstrahlung bestimmt.

Großbritannien. Neue Reports der UKAEA:

AEEW-R 1388 Measurement and analysis of reaction rates in radial breeder regions of ZEBRA assembly 13. (*L. H. Burbridge; J. Marshall*)

AERE-M 3146 An investigation into the efficiency of ion-exchange membranes in simulated PWR coolants (*T. Clune*)

AERE-R 9141 A phase locked neutron chopper rotor drive system (*G. R. Wallace-Sims*)

AERE-R 9833	Application of digital techniques to the restoration of radiographic images (*S. F. Burch*)
AERE-R 9868	Annealing of ion-implanted silicon (*B. J. Smith* u. a.)
AERE-R 9940	The Harwell tails computer program user's manual (*K. D. Rouse*; *M. J. Cooper*)
AERE-R 9976	The preparation of magnetite from iron (III) and iron(II) salt solutions (*D. J. Segal*)
CLM-R 203	X-ray crystal spectroscopy of JET. A design study (*M. G. Hobby*; *N. J. Peacock*; *J. E. Bateman*)
AERE-R 10059	Setting up a station to monitor the background radiation (*J. A. Douglas*)
AERE-R 9704	Taper sectioning of tubular specimens and its application to corrosion oxide film examination (*M. H. Hurdus*)
AERE-R 8730 (1980 rev)	MA28 — A set of Fortran subroutines for sparse unsymmetric linear equations (*I. S. Duff*)

USA. Im Massachusetts Institute of Technology werden Sicherheitsmethoden entwickelt, die die Herstellung von Kernwaffen aus Kernbrennstoff für terroristische Zwecke erschweren sollen. Eine der untersuchten Methoden, Plutonium-Brennstoff betreffend, beruht auf der Beimischung von 5% des Nuklids ^{238}Pu, das eine große Wärmeabgabe (567 W/kg) im Vergleich zu ^{239}Pu (1,9 W/kg) aufweist. Es ist anzunehmen, daß die durch diesen Zusatz hervorgerufene Erhöhung der Temperatur des Brennstoffs die Herstellung und Aufbewahrung von Kernsprengsätzen wesentlich erschwert. Zum Beispiel führt diese Erhitzung höchstwahrscheinlich zum Schmelzen von Plastiksprengstoff, falls solches Material in derartigen Vorrichtungen verwendet wird. Die ^{238}Pu-Beimengung kann unter den genannten Aspekten aus dem Plutonium-Brennstoff nicht entfernt werden, da dies auf eine technologisch komplizierte Isotopentrennung hinausliefe.

USA. Die Fa. Reactor Experiments Corporation (San Carlos, Kalifornien) entwickelte speziell für die Strahlenmedizin und für Isotopenlaboratorien neue leichtere Bausteine aus einem homogenen Gemisch von Blei und Polyäthylen zur Abschirmung niederenergetischer Gammastrahlung. Die Abmessungen der Bausteine betragen 51 mm × 102 mm × 203 mm bei einem Gewicht von 3,2 kg. Sie sind damit 9 kg leichter als Bausteine gleicher Größe aus Blei.

USA. Die Nuclear Regulatory Commission (NRC) hat beschlossen, Halbjahresberichte über den Transport abgebrannter Kernbrennstoffe zu veröffentlichen. Die Berichte sollen Angaben über die durchgeführten Transporte und statistische Informationen über alle dabei aufgetretenen Havarien enthalten. Im ersten Bericht wird mitgeteilt, daß im Zeitraum zwischen dem 16. Juli 1979 und 10. September 1980 94 Transporte abgebrannten Kernbrennstoffs erfolgten (insgesamt 46,7 t), wobei sich kein Schadensfall ereignete.

USA. Anfang 1981 verabschiedete die Nuclear Regulatory Commission (NRC) Verfahrensrichtlinien für die Genehmigung der unterirdischen Lagerung radioaktiver Rückstände. Das Department of Energy (DOE) wurde aufgefordert, drei Standorte in geologischen Formationen zu untersuchen (einen davon in einer Salzformation). Die Untersuchungen sollen aus in-situ-Tests bestehen, die geophysikalische, geochemische, hydrologische und felsmechanische Messungen umfassen. Für jeden möglichen Standort soll für die erforderlichen Untersuchungen ein Schacht bis zur eventuell vorgesehenen Tiefe des Abfalllagers niedergebracht werden. Die von der NRC und dem DOE abgeschätzten Kosten für diese Untersuchungen differieren beträchtlich.

USA. Die Firmen Exxon Nuclear Co. und Avco Everett Research Laboratory Inc. wollen ihre Arbeiten zur Entwicklung eines Laser-Urananreicherungsverfahrens einstellen, da das Department of Energy (DOE) nicht bereit ist, sich an der Finanzierung des Forschungsprogramms zu beteiligen, für das während der letzten 10 Jahre rund 75 Mill. $ aus Eigenmitteln aufgewandt wurden. Die Arbeiten wurden von der gemeinsamen Tochtergesellschaft beider Firmen, der Jersey Nuclear-Avco Isotopes Inc., durchgeführt.

USA. Im Pacific Northwest Lab. wurde im Auftrag des Department of Energy (DOE) ein neues Verfahren zur Begrenzung der Ausbreitung radioaktiver Ionen in kontaminierten Böden entwickelt. Nach einer Mitteilung des Battelle Memorial Institute beruht dieses Verfahren auf der Injektion von Monomeren in den kontaminierten Boden, wodurch die radioaktiven Stoffe immobilisiert werden. Die verwendete milchartige, wasserlösliche organische Monomere enthaltende Flüssigkeit ist mit einem Katalysator versetzt, wobei ein polymerisiertes Gel mit Ionenaustauschereigenschaften entsteht. Durch die Wechselwirkung mit diesem Gel erfolgt nicht nur eine physikalische Immobilisierung der radioaktiven Ionen, sondern auch deren chemische Bindung, wodurch die Auslaugrate beträchtlich verringert wird.

Mexiko. Die mexikanischen Gesellschaften Fertilizantes Mexicanos (Fertimex) und Uranio Mexicano planen die Errichtung einer gemeinsamen Anlage zur Urangewinnung aus Phosphorsäure. Als Standort der Anlage ist Pajaritos vorgesehen. Dort betreibt Fertimex eine Phosphorsäurefabrik. Die Urangewinnungsanlage soll auf der Grundlage der von der spanischen Junta de Energia Nuclear (JEN) entwickelten Technologie arbeiten.

Indien. Der Direktor des Bhabha Atomic Research Center (BARC), Dr. *Sethna*, wurde zum Principal Secretary der Regierung im Department of Atomic Energy (DAE) ernannt. Er bleibt weiterhin Vorsitzender der indischen Atomic Energy Commission. Neuer Direktor des BARC wurde Dr. *Ramanna*, bisher Generaldirektor für Forschung und Entwicklung im Verteidigungsministerium.

Buchbesprechungen

Uranium Evaluation and Mining Techniques
Proc. of a Symposium, Buenos Aires, 1–4 Oct. 1979

Proc. Series, IAEA – STI/PUB/524, Vienna 1980, 552 S., div. Abb. u. Tab.; ÖS 800,–.

Vom 1.–4. 10. 1979 fand in Buenos Aires ein Symposium statt, das gemeinsam von der IAEA, der OECD-Nuclear Energy Agency und der OAS-Inter-American Nuclear Energy Commission organisiert wurde. An der Tagung nahmen 163 Wissenschaftler teil, sie vertraten 35 Länder und 4 Organisationen. Auf der Tagung wurden 29 Vorträge gehalten; die Thematik war – neben einigen einführenden Vorträgen – in folgende Sektionen aufgeteilt: Physikalische Erkundung und die Abschätzung von Erz-Reserven, bergbauliche und andere aufbereitungstechnische Methoden und schließlich Abschätzung der noch unerschlossenen Uraniumvorräte.

Fragen der Ressourcen haben in den letzten Jahren hohe Aktualität erlangt und dürften uns noch in den kommenden Jahren beschäftigen – möglicherweise sogar zunehmend. Es ist verdienstvoll, wenn man auch der sprachlichen Seite des Begriffs „Ressourcen" die nötige Aufmerksamkeit schenkt, um Mißverständnisse und Fehldeutungen durch unterschiedliche Inhalte zu vermeiden. In einer Diskussionsrunde wurde eben diese Frage gestellt, was eigentlich unter „Ressourcen" zu verstehen ist. Es sind drei Kategorien zu unterscheiden: Ressourcen, die als ziemlich sicher anzunehmen sind (reasonably assured resources – RAR), die veranschlagten zusätzlichen Ressourcen (estimated additional resources – EAR) und schließlich die spekulativen Ressourcen, von deren Existenz wir noch verhältnismäßig wenig wissen. Diese 3 Kategorien wurden genauer definiert und zur Verwendung empfohlen. In einigen Arbeiten werden ausführliche Fallstudien bei der Anwendung geostatistischer Methoden mitgeteilt. Einzelne Länder berichteten über ihre laufenden Forschungsprogramme auf diesem Gebiet; auch die Uranium-Ressourcen der Antarktis und Grönlands wurden behandelt.

Für den Geologen/Geowissenschaftler ist dieser Proceedings-Band eine wertvolle Materialsammlung von modernen Ergebnissen, die landesbezogen umgesetzt werden können und müssen. Für den Wissenschaftler, der sich mit Fragen der Energieprognosen zu befassen hat, ist er eine wertvolle Datenquelle über die Uranium-Vorräte, wie man sie heute sieht.

H. Hübner

Optik und Spektroskopie

Reihe: Physik in Beispielen. H. Schilling, Leipzig: VEB Fachbuchverlag 1980; 376 S., zahlr. Abb., 113 durchgerechnete Beispiele und 325 Aufgaben mit Lösungen, M 19,– (Ausland: M 23,–)

Das vorliegende Buch setzt die Reihe „Physik in Beispielen" mit den theoretischen Grundlagen der Optik und der Spektroskopie fort.

Das erste Kapitel befaßt sich in übersichtlicher und leicht verständlicher Art mit den physikalischen und mathematischen Grundlagen der Optik. Darauf aufbauend werden in den folgenden Kapiteln die Reflexion und die Brechung des Lichtes, Interferenz und Beugung sowie der Aufbau der wichtigsten optischen Instrumente behandelt. Mit Hilfe der Quantentheorie werden Lichtemission und -absorption wie auch die Atom- und Molekülspektren betrachtet. Abschließend werden neuere Forschungsergebnisse wie Laser und Holographie an ausgewählten Problemen dargestellt.

Durch die für diese Reihe charakteristische Dreiteilung Lehrtext – Probleme – Aufgaben ist das vorliegende Buch besonders als Lehrbuch für Studenten naturwissenschaftlicher und technischer Fachrichtungen geeignet. Der knappe und dennoch klare Aufbau der Einführungen und die Vielzahl beschriebener Einzelprobleme lassen das Buch auch als Nachschlagewerk für Ingenieure, Physiker und Mathematiker nützlich erscheinen. Die umfangreiche Aufgabensammlung schließlich, deren Lösungen am Ende des Buches zusammengefaßt sind, sind auch für Lehrkräfte interessant.

Hervorzuheben sind zum Schluß noch die zahlreichen übersichtlichen Abbildungen, die den Text erläuternd ergänzen.

H.-Chr. Treutler

Methodology for Assessing Impacts of Radioactivity on Aquatic Ecosystems

Technica· Reports Series No. 190; IAEA-STI/DOC/10/190, Vienna 1979; 416 S., 88 Abb., 50 Tab.; US $ 44.00

Das Buch ist das Ergebnis eines Beratertreffens von Experten auf diesem Gebiet, das von der IAEA organisiert wurde und vom 21.–25. November 1977 in Wien stattfand. Neben einer allgemeinen Zusammenfassung der Ergebnisse dieses Treffens und einigen Empfehlungen sind in dem Band die Vorträge, die zu folgenden Themenkreisen gehalten wurden, enthalten: Dosimetrie, Modellierung und Statistik (3 Vorträge), Strahlenbelastung von Organismen (6 Vorträge), Erkennung von somatischen Strahleneffekten (6 Vorträge) und Erkennung von genetischen Strahleneffekten (4 Vorträge). Alle Beiträge betreffen das aquatische Ökosystem, und es wurden sowohl Strahlenbelastungen durch Inkorporation als auch durch externe Strahlung auf Organismen betractet. Einzelne Beiträge dürften den aktuellen Stand auf diesem Gebiet voll umreißen, da nicht selten mehr als 80 Literaturzitate angegeben werden, in 2 Fällen sogar 124 bzw. 129 Zitate. In manchen Arbeiten wird betont, daß es zur Beurteilung und zum Vergleich unerläßlich ist, Standard-Spezies und Standard-Stämme zu testen, was auch insbesondere bei geringen Strahlenbelastungen notwendig ist. Wesentlich ist ferner, gesicherte Aussagen darüber zu erhalten, welche Wechselbeziehungen zwischen der Strahlenbelastung einerseits und den anderen Umweltbelastungen bestehen, Vorhaben, die langwierige Versuchsserien und Beobachtungen voraussetzen. Die Aktualität des Themas spricht für sich; die Aktualität der erfaßten Ergebnisse und Beobachtungen ist in der vorliegenden Schrift sehr hoch und führt Wissenschaftler, die auf diesem Gebiet arbeiten, mühelos in die Gesamtthematik und in die umfassende Literatur ein. Es ist dem Umweltforscher und dem Strahlenbiologen in gleicher Weise zu empfehlen.

H. Hübner

G. Weise, K. Wetzel, G. Stiehl

Application of the Compartment Theory to an Isotopic Geochemical Model of the Nitrogen Cycle

Isotopenpraxis **17** (1981) No. 12, p. 424 to 431
7 Fig., 3 Tab., 16 Ref.

A model of the global cycle of nitrogen and its isotopes is described which takes into account the following geochemical reservoirs: nitrogen in magmatic rocks, nitrogen in metamorphic rocks, nitrogen in sedimentary rocks and nitrogen of the atmosphere. The model takes into account geochemical flows like nitrogen exchange between magmatic rocks and the upper mantle, transition of nitrogen from magmatic and metamorphic rocks into the atmosphere and nitrogen exchange between sedimentary rocks and the atmosphere. On the basis of all recently available δ^{15}N-values of magmatic, metamorphic, and sedimentary rocks and of plausiple assumptions on the isotope effects acting during the formation of these nitrogen fluxes quantitative results are derived on the extent of nitrogen exchange between the earth's crust and the mantle and other nitrogen fluxes characterizing the gobal nitrogen cycle using the mathematical formalisms of the compartment theory.

K. Farjo, G. Haase, W. La'ith, S. Aziz

Distribution of Deuterium in Natural Iraqi Waters (*in English*)

Isotopenpraxis **17** (1981) No. 12, p. 431 to 433
1 Fig., 3 Tab., 9 Ref.

In this work, the deuterium content of several Iraqi water resources including precipitation is reported and discussed. The observed data are expressed as δ^{D}_{SMOW}. Relatively large δ^{D}_{SMOW} – variation was found for the precipitations investigated.

Letters to the Editor

V. Chosnovska, E. Langrock, O. D. Maslov

Concentration of Microelements from Thermal Brines of the Cheleken Peninsula through Froth Flotation (*in Russian*)

Isotopenpraxis **17** (1981) No. 12, p. 434 to 437
5 Fig., 1 Tab., 20 Ref.

B. Lorenz, K.-H. Heinrich, M. Herrmann, G. Moebius

Synthesis of Partially Deuterated Olefines
Production of Transstilbene-D_{10} and of Pentene-(1)-4.4.5.5.-D_5

Isotopenpraxis **17** (1981) No. 12, p. 437 to 438
– Fig., – Tab., 4 Ref.

Information

Isotopenpraxis **17** (1981) No. 12, p. 438 to 439

New Books

Isotopenpraxis **17** (1981) No. 12, p. 440

Г. Вайце, К. Вецель, Т. Штиль

Применение теории компарт мента на изотопную геохимическую модель азотного цикла

Isotopenpraxis **17** (1981) вып. 12, стр. 424 до 431
7 рис., 3 табл., 16 лит.

Описана модель глобального круговорота азота и его изотопов, которая учитывает следующие геохимические резервуары: азот в магматитах, азот в метаморфитах, азот в осадочныхо породак и азот в атмосфере. Эта модель учитывает обмен азота между магматитами и верхней мантией Земли, переход азота из магматитов и метаморфитов в атмосферу и обмеп азота между осадочными породами и атмосферой и другие геохимические процессы.
На основе всех доступных в настояшее время $\delta^{15}N$-значений магматических, метаморфических и осадочных пород и убедительных допущений об изотопных эффектах, которые действуют при формировании этих азотных течений, с использованием математического формализма теории компартмента выведены количественные высказания о размере обмена азота между земной корой и верхней мантией Земли и других течений азота, характеризующих круговорот азота.

К. Фарьё, Г. Хаасе, В. Лаъить, С. Азиз

Распределение дейтерия в иракцких натуральных водах (*на англ. языке*)

Isotopenpraxis **17** (1981) вып. 12, стр. 431 до 433
1 рис., 3 табл., 9 лит.

В даппой работе докладывается о содержании дейтерия в некоторых иракцких водных рессурсах, включая их осаждение. Полученные данные выражаются в форме δ^{D}_{SMOW}. В отношении исследованного осаждения найдены относительно большие вариации δ^{D}_{SMOW}.

Письма в редакцию

В. Чосновска, Э. Лангрок, О. Д. Маслов

Концентрирование микроэлементов из термальных рассолов полуострова Челекен с помощью пенной флотации (*на русск. языке*)

Isotopenpraxis **17** (1981) вып. 12, стр. 434 до 437
5 рис., 1 табл., 20 лит.

Б. Лоренц, К.-Х. Хайнрих, М. Херрманн, Г. Медиус

Синтез парциально дейтерированных олефинов
Получение трансстильбенового-D_{10} пентеинового-(1)-4,4,5,5,5,-D_5

Isotopenpraxis **17** (1981) вып. 12, стр. 437 до 438
– рис., – табл., 4 лит.

Новости

Isotopenpraxis **17** (1981) вып. 12, стр. 438 до 439

Новая литература

Isotopenpraxis **17** (1981) вып. 12, стр. 440

Contents of this Issue

Articles

Letters to the Editor

MIX
Papier | Fördert gute Waldnutzung
FSC® C083411

Zeitfracht Medien GmbH
Ferdinand-Jühlke-Straße 7
99095 Erfurt, Deutschland
produktsicherheit@kolibri360.de